# 大数据与数据挖掘

乔 林 顾海林 胡 楠 著

吉林科学技术出版社

**图书在版编目（CIP）数据**

大数据与数据挖掘 / 乔林，顾海林，胡楠著．-- 长春：吉林科学技术出版社，2020.9

ISBN 978-7-5578-7499-5

Ⅰ．①大… Ⅱ．①乔… ②顾… ③胡… Ⅲ．①数据采集 Ⅳ．① TP274

中国版本图书馆 CIP 数据核字（2020）第 167734 号

# 大数据与数据挖掘

| | |
|---|---|
| 著　　者 | 乔　林　顾海林　胡　楠 |
| 出 版 人 | 宛　霞 |
| 责任编辑 | 冯　越 |
| 封面设计 | 马　涛 |
| 制　　版 | 吴　莉 |
| 开　　本 | 16 |
| 字　　数 | 210 千字 |
| 印　　张 | 9.75 |
| 版　　次 | 2020 年 9 月第 1 版 |
| 印　　次 | 2020 年 9 月第 1 次印刷 |
| 出　　版 | 吉林科学技术出版社 |
| 发　　行 | 吉林科学技术出版社 |
| 地　　址 | 长春净月高新区福祉大路 5788 号出版大厦 A 座 |
| 邮　　编 | 130118 |

**发行部电话 / 传真**　0431—81629529　　81629530　　81629531
　　　　　　　　　　　　81629532　　81629533　　81629534

**储运部电话**　0431—86059116

**编辑部电话**　0431—81629520

| | |
|---|---|
| 印　　刷 | 北京宝莲鸿图科技有限公司 |
| 书　　号 | ISBN 978-7-5578-7499-5 |
| 定　　价 | 40.00 元 |

# 前　言

大数据时代的数据利用云存储已渐成一个趋势，数据挖掘是其关键的一环。大数据的分析处理可以把海量数据分成几块从而利用数据挖掘技术进行挖掘，也可以将数据挖掘技术加以整合，研发出更高效、更准确的平台或算法对大数据直接进行挖掘，得出蕴含在海量数据中的规律或商机，如此才能让大数据真正切实地为人们服务。因此数据挖掘在大数据时代的数据分析和挖掘过程中具有重要的意义。

数据挖掘开始于 20 世纪 70 年代，经历了电子邮件时代、信息发布时代、电子商务时代、全程电子商务时代，其是指从海量的、不完整的、模糊的实际应用数据中提取隐含在其中的人们事先不知道的但又可能有用的信息和知识的过程。通俗地讲，数据挖掘就是利用各种分析方法和工具，对数据库中积累的大量繁杂的历史数据进行分析、归纳与整合的工作，以发现数据内部的信息和关系的过程，提供企业管理层在进行决策时的参考依据。

在数据方面：数据挖掘一般基于某个或几个数据库中的数据，数据规模相对较小，基本以为 MB 处理单位；数据类型种类单一，往往是一种或少数几种，而且以结构化数据为主；因为数据挖掘往往使用的是常规数据库，因此先有模式再有数据；数据仅作为处理对象。而大数据数据规模很大，以 GB，甚至 TB、PB 为基本处理单位；数据种类繁多，而这些数据中又包含着结构化、半结构化以及非结构化的数据，而且占据着越来越多的份额；大数据时代很多情况下很难预先确定模式，模式只有在数据出现之后才能确定，且模式随着数据量的增长处于不断的演变之中；大数据时代的数据将作为一种资源来辅助解决其他诸多领域的问题；而且大数据由于其数据量太大还要考虑存储数据的问题。

# 目　录

# 第一章　大数据概述

## 第一节　大数据发展历程

当前，全球大数据正进入加速发展时期，技术产业与应用创新不断迈向新高度。大数据通过数字化丰富要素供给，通过网络化扩大组织边界，通过智能化提升产出效能，因此，其不仅是推进网络强国建设的重要领域，更是新时代加快实体经济质量变革、效率变革、动力变革的战略依托。本节聚焦近期大数据各领域的进展和趋势，通过梳理主要问题并进行展望。在技术方面，重点探讨了近两年最新的大数据技术及其融合发展趋势；在产业方面，重点讨论了中国大数据产品的发展情况；在数据资产管理方面，介绍了行业数据资产管理、数据资产管理工具的最新发展情况，并着重探讨了数据资产化的关键问题；在安全方面，从多种角度分析了大数据面临的安全问题和技术工具的相关情况。

### 一、国际大数据发展概述

近年，全球大数据的发展仍处于活跃阶段。根据国际权威机构 Statista 的统计和预测，全球数据量在 2019 年有望达到 41ZB。

2019 年以来，全球大数据技术、产业、应用等多方面的发展呈现了新的趋势，同时也正在进入新的阶段。本章将对国外大数据战略、技术、产业等领域的最新进展进行简要叙述。

#### （一）大数据战略持续拓展

相较于几年前，2019 年国外大数据发展在政策方面略显平淡，只有美国的《联邦数据战略第一年度行动计划（Federal Data Strategy Year-1 Action Plan）》草案比较受到关注。2019 年 6 月 5 日，美国发布了《联邦数据战略第一年度行动计划》草案，这个草案包含了每个机构开展工作的具体可交付成果，以及由多个机构共同协作推动的政府行动。旨在编纂联邦机构如何利用计划、统计和任务支持数据作为战略资产来发展经济、提高联邦政府的效率、促进监督和提高透明度。

相对于三年前颁布的《联邦大数据研发战略计划》，美国对于数据的重视程度继续提升，并出现了聚焦点从"技术"到"资产"的转变，其中更是着重提到了金融数据和地理信息数据的标准统一问题。此外，配套文件中"共享行动：政府范围内的数据服务"成为亮点，针对数据跨机构协同与共享，从执行机构到时间节点都进行了战略部署。

早些时候，欧洲议会通过了一项决议，敦促欧盟及其成员国创造一个"繁荣的数据驱动经济"。该决议预计到2020年，欧盟GDP将因更好的数据使用而增加1.9%，但遗憾的是，据统计目前只有1.7%的公司充分利用了先进的数字技术。

拓宽和深入大数据技术应用是各国数据战略的共识之处。据了解，美国2020年人口普查有望采用差分隐私等大数据隐私保护技术来提高对个人信息的保护。英国政府统计部门正在探索利用交通数据，通过大数据分析及时跟踪英国经济走势，提供预警服务，帮助政府进行精准决策。

## （二）大数据底层技术逐步成熟

近年来，大数据底层技术发展呈现出逐步成熟的态势。在大数据发展的初期，技术方案主要聚焦于解决数据"大"的问题，Apache Hadoop定义了最基础的分布式批处理架构，打破了传统数据库一体化的模式，将计算与存储分离，聚焦于解决海量数据的低成本存储与规模化处理。Hadoop凭借其友好的技术生态和扩展性优势，一度对传统大规模并行处理（Massively Parallel Processor，MPP）数据库的市场造成影响。但当前MPP在扩展性方面不断突破（2019年中国信通院大数据产品能力评测中，MPP大规模测试集群规模已突破512节点），使得MPP在海量数据处理领域又重新获得了一席之位。

MapReduce暴露的处理效率问题以及Hadoop体系庞大复杂的运维操作，推动计算框架不断进行着升级演进，随后出现的Apache Spark已逐步成为计算框架的事实标准。在解决了数据"大"的问题后，数据分析时效性的需求愈发突出，Apache Flink、Kafka Streams、Spark Structured Streaming等近年来备受关注的产品为分布式流处理的基础框架打下了基础。在此基础上，大数据技术产品不断分层细化，在开源社区形成了丰富的技术栈，覆盖存储、计算、分析、集成、管理、运维等各个方面。据统计，目前大数据相关的开源项目已达上百个。

## （三）大数据产业规模平稳增长

国际机构Statista在2019年8月发布的报告显示，到2020年，全球大数据市场的收入规模预计将达到560亿美元，较2018年的预期水平增长约33.33%，较2016年的市场收入规模翻一倍。随着市场整体的日渐成熟和新兴技术的不断融合发展，未来大数据市场将呈现稳步发展的态势，增速维持在14%左右。在2018-2020年的预测期内，大数据市场整体的收入规模将保持每年约70亿美元的增长，复合年均增长率约为15.33%。

从细分市场来看，大数据硬件、软件和服务的市场规模均保持较稳定的增长，预计到2020年，三大细分市场的收入规模将分别达到150亿美元（硬件）、200亿美元（软件）、210亿美元（服务）。具体来看，2016-2017年，软件市场规模增速达到了37.5%，在数值上超过了传统的硬件市场。随着机器学习、高级分析算法等技术的成熟与融合，更多的数据应用和场景正在落地，大数据软件市场将继续高速增长。预计在2018-2020年间，每年约有30亿美元的增长规模，复合年均增长率约为19.52%。大数据相关服务的规模始终最高，预计在2018-2020年间的复合年均增长率约为14.56%。相比之下，虽然硬件市场增速最低，但仍能保持约11.8%的复合年均增长率。从整体占比来看，软件规模占比将逐渐增加，服务相关收益将保持平稳发展的趋势，软件与服务之间的差距将不断缩小，而硬件规模在整体的占比则逐渐减小。

## （四）大数据企业加速整合

近两年来，国际具有影响力的大数据公司也遭遇了一些变化。2018年10月，美国大数据技术巨头Cloudera和Hortonworks宣布合并。在Hadoop领域，两家公司的合并意味着"强强联手"，而在更加广义的大数据领域，则更像是"抱团取暖"。毫无疑问，这至少可以帮助两家企业结束近十年的竞争，并且依靠垄断地位早日摆脱长期亏损的窘况。而从第三方的角度来看，这无疑会影响整个Hadoop的生态。开源大数据目前已经成为互联网企业的基础设施，两家公司合并意味着Hadoop的标准将更加统一，长期来看新公司的盈利能力也将大幅提升，并将更多的资源用于新技术的投入。但从体量和级别上来看，新公司将基本代表Hadoop社区，其他同类型企业将很难与之竞争。

2019年8月，惠普（HPE）收购大数据技术公司MapR的业务资产，包括MapR的技术、知识产权以及多个领域的业务资源等。MapR创立于2009年，属于Hadoop全球软件发行版供应商之一。专家普遍认为，企业组织越来越多以云服务形式使用数据计算和分析产品是使得MapR需求减少的重要原因之一。用户需求正从采购以Hadoop为代表的平台型产品，转向结合云化、智能计算后的服务型产品，这也意味着，全球企业级IT厂商的战争已经进入到了一个新阶段，即满足用户从平台产品到云化服务，再到智能解决方案的整体需求。

## （五）数据合规要求日益严格

近两年来，各国在数据合规性方面的重视程度越来越高，但数据合规的进程仍任重道远。2019年5月25日，旨在保护欧盟公民的个人数据、对企业的数据处理提出了严格要求的《通用数据保护条例》（GDPR）实施满一周年，不仅数据保护相关的案例与公开事件数量攀升，同时也引起了诸多争议。

牛津大学的一项研究发现，GDPR实施满一年后，未经用户同意而设置的新闻网站上的Cookies数量下降了22%。欧盟EDPB的报告显示，GDPR实施一年以来，欧盟当局收到了约145000份数据安全相关的投诉和问题举报，共判处5500万欧元行政罚款。苹果、微软、Twitter、WhatsApp、Instagram等企业也都遭到调查或处罚。

GDPR正式实施之后，带来了全球隐私保护立法的热潮，并成功提升了社会各领域对于数据保护的重视。例如，2020 年 1 月起，美国加州消费者隐私法案（CCPA）也将正式生效。与 GDPR 类似，CCPA 将对所有和美国加州居民有业务的数据商业行为进行监管。CCPA 在适用监管的标准上比 GDPR 更宽松，但是一旦满足被监管的标准，违法企业受到的惩罚将更大。2019 年 8 月份，IAPP（世界上信息隐私方面的专业协会）OneTrust（第三方风险技术平台）对部分美国企业进行了 CCPA 准备度调查，结果显示，74% 的受访者认为他们的企业应该遵守 CCPA，但只有大约 2% 的受访者认为他们的企业已经完全做好了应对 CCPA 的准备，除加州 CCPA 外，更多的法案正在美国纽约州等多个州陆续生效。

## 二、融合成为大数据技术发展的重要特征

当前，大数据体系的底层技术框架已基本成熟。大数据技术正逐步成为支撑型的基础设施，其发展方向也开始向提升效率转变，逐步向个性化的上层应用聚焦，技术的融合趋势愈发明显。本章将针对当前大数据技术的几大融合趋势进行探讨。

### （一）算力融合：多样性算力提升整体效率

随着大数据应用的逐步深入，场景愈发丰富，数据平台开始承载人工智能、物联网、视频转码、复杂分析、高性能计算等多样性的任务负载。同时，数据复杂度也不断提升，以高维矩阵运算为代表的新型计算范式具有粒度更细、并行更强、高内存占用、高带宽需求、低延迟高实时性等特点，因此以 CPU 为底层硬件的传统大数据技术无法有效满足新业务需求，出现性能瓶颈。

当前，以 CPU 为调度核心，协同 GPU、FPGA、ASIC 及各类用于 AI 加速"xPU"的异构算力平台成为行业热点解决方案，以 GPU 为代表的计算加速单元能够极大提升新业务计算效率。但是不同硬件体系融合存在开发工具相互独立、编程语言及接口体系不同、软硬件协同缺失等工程问题。为此，产业界试图从统一软件开发平台和开发工具的层面来实现对不同硬件底层的兼容，例如 Intel 公司正在设计支持跨多架构（包括 CPU、GPU、FPGA 和其他加速器）开发的编程模型 oneAPI，它提供一套统一的编程语言和开发工具集，来实现对多样性算力的调用，从根本上简化开发模式，从而针对异构计算形成一套全新的开放标准。

### （二）流批融合：平衡计算性价比的最优解

流处理能够有效处理即时变化的信息，从而反映出信息热点的实时动态变化。而离线批处理则更能够体现历史数据的累加反馈。考虑到对于实时计算需求和计算资源之间的平衡，业界很早就有了 lambda 架构的理论来支撑批处理和流处理共同存在的计算场景。随着技术架构的演进，流批融合计算正在成为趋势，并不断在向更实时更高效的计算推进，以支撑更丰富的大数据处理需求。

流计算的产生来源于对数据加工时效性的严苛要求。数据的价值随时间流逝而降低时，我们就必须在数据产生后尽可能快的对其进行处理，比如实时监控、风控预警等。早期流计算开源框架的典型工具是Storm，虽然它是逐条处理的典型流计算模式，但并不能满足"有且仅有一次（Exactly-once）"的处理机制，之后的Heron在Storm上做了很多改进，但相应的社区并不活跃。同期的Spark在流计算方面先后推出了Spark Streaming和Structured Streaming，以微批处理的思想实现流式计算。而近年来出现的Apache Flink，则使用了流处理的思想来实现批处理，很好地实现了流批融合的计算，国内包括阿里、腾讯、百度、字节跳动，国外包括Uber、Lyft、Netflix等公司都是Flink的使用者。2017年由伯克利大学AMPLab开源的Ray框架也有相类似的思想，它是由一套引擎来融合多种计算模式，蚂蚁金服基于此框架正在进行金融级在线机器学习的实践。

## （三）TA融合：混合事务／分析支撑即时决策

TA融合是指事务（Transaction）与分析（Analysis）的融合机制。在数据驱动精细化运营的今天，海量实时的数据分析需求无法避免。分析和业务是强关联的，但由于这两类数据库在数据模型、行列存储模式和响应效率等方面的区别，通常会造成数据的重复存储。事务系统中的业务数据库只能通过定时任务同步导入分析系统，这就导致了数据时效性不足，无法实时地进行决策分析。

混合事务／分析处理（HTAP）是Gartner提出的一个架构，它的设计理念是为了打破事务和分析之间的"墙"，从而实现在单一的数据源上不加区分的处理事务和分析任务。这种融合的架构具有明显的优势，可以避免频繁的数据搬运操作给系统带来的额外负担，减少数据重复存储带来的成本，从而及时高效地对最新业务操作产生的数据进行分析。

## （四）模块融合：一站式数据能力复用平台

大数据的工具和技术栈已经相对成熟，大公司在实战经验中围绕工具与数据的生产链条、数据的管理和应用等逐渐形成了能力集合，并通过这一概念来统一数据资产的视图和标准，提供通用数据的加工、管理和分析能力。

数据能力集成的趋势打破了原有企业内的复杂数据结构，使数据和业务更贴近，并能更快地使用数据驱动决策。主要针对性地解决三个问题：一是提高数据获取的效率；二是打通数据共享的通道；三是提供统一的数据开发能力。这样的"企业级数据能力复用平台"是一个由多种工具和能力组合而成的数据应用引擎、数据价值化的加工厂，来连接下层的数据和上层的数据应用团队，从而形成敏捷的数据驱动精细化运营的模式。阿里巴巴提出的"中台"概念和华为公司提出的"数据基础设施"概念都是模块融合趋势的印证。

## （五）云数融合：云化趋势降低技术使用门槛

大数据基础设施向云上迁移是一个重要的趋势。各大云厂商均开始提供各类大数据产品以满足用户需求，纷纷构建自己的云上数据产品。早期的云化产品大部分是对已有大数据产品的云化改造。现在，越来越多的大数据产品从设计之初就遵循了云原生的概念进行开发，生于云长于云，更适合云上生态。

向云化解决方案演进的最大优点是用户不用再操心如何维护底层的硬件和网络，从而能够更专注于数据和业务逻辑，在很大程度上降低了大数据技术的学习成本和使用门槛。

### （六）数智融合：数据与智能多方位深度整合

大数据与人工智能的融合主要体现在大数据平台的智能化与数据治理的智能化。

智能的平台：用智能化的手段来分析数据是释放数据价值高阶之路，但用户往往不希望在两个平台间不断的搬运数据，这促成了大数据平台和机器学习平台深度整合的趋势，目前大数据平台在支持机器学习算法之外，还将支持更多的 AI 类应用。Databricks 为数据科学家提供一站式的分析平台 Data Science Workspace，Cloudera 也推出了相应的分析平台 Cloudera Data Science Workbench。2019 年底，阿里巴巴基于 Flink 开源了机器学习算法平台 Alink，并已在阿里巴巴搜索、推荐、广告等核心实时在线业务中有广泛实践。

智能的数据治理：数据治理的输出是人工智能的输入，即经过治理后的大数据。AI 数据治理，是通过智能化的数据治理使数据变得智能：通过智能元数据感知和敏感数据自动识别，对数据自动分级分类，形成全局统一的数据视图。通过智能化的数据清洗和关联分析，把关数据质量，建立数据血缘关系，数据能够自动具备类型、级别、血缘等标签，在降低数据治理复杂性和成本的同时，得到智能的数据。

## 三、大数据产业蓬勃发展

近年来，中国大数据产业蓬勃发展，融合应用不断深化，数字经济量质提升，对经济社会的创新驱动、融合带动作用显著增强。本章将从政策环境、主管机构、产品生态、行业应用等方面对中国大数据产业发展的态势进行简要分析。

### （一）大数据产业发展政策环境日益完善

产业发展离不开政策支撑。中国政府高度重视大数据的发展，自 2014 年以来，中国国家大数据战略的谋篇布局经历了四个不同阶段。

（1）预热阶段：2014 年 3 月，"大数据"一词首次写入政府工作报告，为中国大数据发展的政策环境搭建开始预热。从这一年起，"大数据"逐渐成为各级政府和社会各界的关注热点，中央政府开始提供积极的支持政策与适度宽松的发展环境，为大数据发展创造机遇。

（2）起步阶段：2015 年 8 月 31 日，国务院正式印发了《促进大数据发展行动纲要》（国发〔2015〕50 号），成为中国发展大数据的首部战略性指导文件，对包括大数据产业在

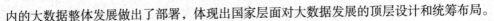

内的大数据整体发展做出了部署，体现出国家层面对大数据发展的顶层设计和统筹布局。

（3）落地阶段：《十三五规划纲要》的公布标志着国家大数据战略的正式提出，彰显了中央对于大数据战略的重视。2016年12月，工信部发布《大数据产业发展规划（2016-2020年）》，为大数据产业发展奠定了重要的基础。

（4）深化阶段：随着国内大数据迎来全面良好的发展态势，国家大数据战略也开始走向深化阶段。2017年10月，党的十九大报告中提出推动大数据与实体经济深度融合，为大数据产业的未来发展指明方向。12月，中央政治局就实施国家大数据战略进行了集体学习。2019年3月，政府工作报告第六次提到"大数据"，并且有多项任务与大数据密切相关。

自2015年国务院发布《促进大数据发展行动纲要》系统性部署大数据发展工作以来，各地陆续出台促进大数据产业发展的规划、行动计划和指导意见等文件。截至目前，除港澳台外全国31个省级单位均已发布了推进大数据产业发展的相关文件，可以说，中国各地推进大数据产业发展的设计已经基本完成，陆续进入了落实阶段。梳理31个省级行政区划单位的典型大数据产业政策可以看出，大部分省（区、市）的大数据政策集中发布于2016年至2017年。而在近两年发布的政策中，更多的地方将新一代信息技术整体作为考量，并加入了人工智能、数字经济等内容，进一步地拓展了大数据的外延。同时，各地在颁布大数据政策时，除注重大数据产业的推进外，也在更多地关注产业数字化和政务服务等方面，这也体现出了大数据与行业应用结合及政务数据共享开放近年来取得的进展。

## （二）各地大数据主管机构陆续成立

近年来，部分省市陆续成立了大数据局等相关机构，对包括大数据产业在内的大数据发展进行统一管理。以省级大数据主管机构为例，从2014年广东省设立第一个省级大数据局开始，截至2019年5月，共有14个省级地方成立了专门的大数据主管机构。

除此之外，上海、天津、江西等省市组建了上海市大数据中心、天津市大数据管理中心、江西省信息中心（江西省大数据中心），承担了一部分大数据主管机构的职能。此外，部分省级以下的地方政府也相应组建了专门的大数据管理机构。根据黄璜等人的统计，截至2018年10月已有79个副省级和地级城市组建了专门的大数据管理机构。

## （三）大数据技术产品水平持续提升

从产品角度来看，目前大数据技术产品主要包括大数据基础类技术产品（承担数据存储和基本处理功能，包括分布式批处理平台、分布式流处理平台、分布式数据库、数据集成工具等）、分析类技术产品（承担对于数据的分析挖掘功能，包括数据挖掘工具、bi工具、可视化工具等）、管理类技术产品（承担数据在集成、加工、流转过程中的管理功能，包括数据管理平台、数据流通平台等）等，中国在这些方面都取得了一定的进展。

中国大数据基础类技术产品市场成熟度相对较高。一是供应商越来越多，从最早只有几家大型互联网公司发展到目前的近 60 家公司可以提供相应产品，覆盖了互联网、金融、电信、电力、铁路、石化、军工等不同行业；二是产品功能日益完善，根据中国信通院的测试，分布式批处理平台、分布式流处理平台类的参评产品功能项通过率均在 95% 以上；三是大规模部署能力有很大突破，例如阿里云 MaxCompute 通过了 10000 节点批处理平台基础能力测试，华为 GuassDB 通过了 512 台物理节点的分析型数据库基础能力测试；四是自主研发意识不断提高，目前有很多基础类产品源自对于开源产品进行的二次开发，特别是分布式批处理平台、流处理平台等产品九成以上基于已有开源产品开发。

中国大数据分析类技术产品发展迅速，个性化与实用性趋势明显。一是满足跨行业需求的通用数据分析工具类产品逐渐应运而生，如百度的机器学习平台 Jarvis、阿里云的机器学习平台 PAI 等；二是随着深度学习技术的相应发展，数据挖掘平台从以往只支持传统机器学习算法转变为额外支持深度学习算法以及 GPU 计算加速能力；三是数据分析类产品易用性进一步提升，大部分产品都拥有直观的可视化界面以及简洁便利的交互操作方式。

中国大数据管理类技术产品还处于市场形成的初期。目前，国内常见的大数据管理类软件有 20 多款。数据管理类产品虽然涉及的内容庞杂，但技术实现难度相对较低，一些开源软件如 Kettle、Sqoop 和 Nifi 等，为数据集成工具提供了开发基础。中国信通院测试结果显示，参照囊括功能全集的大数据管理软件评测标准，所有参评产品符合程度均在 90% 以下。因此随着数据资产的重要性日益突出，数据管理类软件的地位也将越来越重要，未来将机器学习、区块链等新技术与数据管理需求结合，还有很大的发展空间。

## （四）大数据行业应用不断深化

前几年，大数据的应用还主要在互联网、营销、广告领域。这几年，无论是从新增企业数量、融资规模还是应用热度来说，与大数据结合紧密的行业逐步向工业、政务、电信、交通、金融、医疗、教育等领域广泛渗透，应用逐渐向生产、物流、供应链等核心业务延伸，涌现了一批大数据典型应用，企业应用大数据的能力逐渐增强。电力、铁路、石化等实体经济领域龙头企业不断完善自身大数据平台建设，持续加强数据治理，构建起以数据为核心驱动力的创新能力，行业应用"脱虚向实"趋势明显，大数据与实体经济深度融合不断加深。

电信行业方面，电信运营商拥有丰富的数据资源。数据来源涉及移动通话和固定电话、无线上网、有线宽带接入等所有业务，也涵盖线上线下渠道在内的渠道经营相关信息，所服务的客户涉及个人客户、家庭客户和政企客户。三大运营商 2019 年以来在大数据应用方面都走向了更加专业化的阶段。电信行业在发展大数据上有明显的优势，主要体现在数据规模大、数据应用价值持续凸显、数据安全性普遍较高。2019 年，三大运营商都已经完成了全集团大数据平台的建设，设立了专业的大数据运营部门或公司，开始了数据价值释放的新举措。通过对外提供领先的网络服务能力，通过深厚的数据平台架构和数据融合应用能力，高效可靠的云计算基础设施和云服务能力，打造数字生态体系，加速非电信业务的变现能力。

金融行业方面，随着金融监管日趋严格，通过金融大数据规范行业秩序并降低金融风险逐渐成为金融大数据的主流应用场景。同时，各大金融机构由于信息化建设基础好、数据治理起步早，使得金融业成为数据治理发展较为成熟的行业。

互联网营销方面，随着社交网络用户数量不断扩张，利用社交大数据来做产品口碑分析、用户意见收集分析、品牌营销、市场推广等"数字营销"应用，将是未来大数据应用的重点。电商数据直接反映用户的消费习惯，具有很高的应用价值，伴随着移动互联网流量见顶，以及广告主营销预算的下降，如何利用大数据技术帮助企业更高效地触达目标用户成为行业最热衷的话题。"线下大数据""新零售"的概念日渐火热，但其对于个人信息保护方面容易存在漏洞，也使得合规性成为这一行业发展的核心问题。

工业方面，工业大数据是指在工业领域里，在生产链过程包括研发、设计、生产、销售、运输、售后等各个环节中产生的数据总和。随着工业大数据成熟度的提升，工业大数据的价值挖掘也逐渐深入。目前，各个工业企业已经开始面向数据全生命周期的数据资产管理，以此逐步提升工业大数据成熟度，深入工业大数据价值挖掘。

能源行业方面，2019年5月，国家电网大数据中心正式成立，该中心旨在打通数据壁垒、激活数据价值、发展数字经济，实现数据资产的统一运营，推进数据资源的高效使用，这是传统能源行业拥抱大数据应用的一次机制创新。

医疗健康方面，医疗大数据成为2019年大数据应用的热点方向。2018年7月颁布的《国家健康医疗大数据标准、安全和服务管理办法》为健康行业大数据服务指导了方向。电子病历、个性化诊疗、医疗知识图谱、临床决策支持系统、药品器械研发等成为行业热点。

除以上行业之外，教育、文化、旅游等各行各业的大数据应用也都在快速发展，中国大数据的行业应用更加广泛，正加速渗透到经济社会的方方面面。

## 四、数据资产化步伐稳步推进

在党的十九届四中全会上，中央首次公开提出"健全劳动、资本、土地、知识、技术、管理和数据等生产要素按贡献参与分配的机制"。这是中央首次在公开场合提出数据可作为生产要素按贡献参与分配，反映了随着经济活动数字化转型加快，数据对提高生产效率的乘数作用凸显，成为最具时代特征新生产要素的重要变化。

### （一）数据：从资源到资产

"数据资产"这一概念是由信息资源和数据资源的概念逐渐演变而来的。信息资源是在20世纪70年代计算机科学快速发展的背景下产生的，信息被视为与人力资源、物质资源、财务资源和自然资源同等重要的资源，高效、经济地管理组织中的信息资源是非常必要的。数据资源的概念是在20世纪90年代伴随着政府和企业的数字化转型而产生，是有含义的数据集结到一定规模后形成的资源。数据资产在 21 世纪初大数据技术的兴起背景下产生，并随着数据管理、数据应用和数字经济的发展而普及。

中国信通院在 2017 年将"数据资产"定义为"由企业拥有或者控制的，能够为企业带来未来经济利益的，以一定方式记录的数据资源"。这一概念强调了数据具备的"预期给会计主体带来经济利益"的资产特征。

## （二）数据资产管理理论体系仍在发展

数据管理的概念是伴随着 20 世纪 80 年代数据随机存储技术和数据库技术的使用而诞生的，主要指在计算机系统中的数据可以被方便地存储和访问。经过 40 年的发展，数据管理的理论体系主要形成了国际数据管理协会（DAMA）、IBM 和数据管控机构（DGI）所提出的三个流派。

然而，以上三种理论体系都是大数据时代之前的产物，其视角还是将数据作为信息来管理，更多的是为了满足监管要求和企业考核的目的，并没有从数据价值释放的维度来考虑。

在数据资产化背景下，数据资产管理是在数据管理基础上的进一步发展，可以视作数据管理的"升级版"，主要区别表现为以下三方面。一是管理视角不同，数据管理主要关注的是如何解决问题数据带来的损失，而数据资产管理则关注如何利用数据资产为企业带来价值，需要基于数据资产的成本、收益来开展数据价值管理。二是管理职能不同，传统数据管理的管理职能包含数据标准管理、数据质量管理、元数据管理、主数据管理、数据模型管理、数据安全管理等，而数据资产管理针对不同的应用场景和大数据平台建设情况，增加了数据价值管理和数据共享管理等职能。三是组织架构不同，在"数据资源管理转向数据资产管理"的理念影响下，相应的组织架构和管理制度也有所变化，需要有更专业的管理队伍和更细致的管理制度来确保数据资产管理的流程性、安全性和有效性。

## （三）各行业积极实践数据资产管理

各行业实践数据资产管理普遍经历 3-4 个阶段。最初，行业数据资产管理主要是为了解决报表和经营分析的准确性，并通过建立数据仓库实现。随后，行业数据资产管理的目的是治理数据，管理对象由分析域延伸到生产域，并在数据库中开展数据标准管理和数据质量管理。随着大数据技术的发展，企业数据逐步汇总到大数据平台，形成了数据采集、计算、加工、分析等配套工具，建立了元数据管理、数据共享、数据安全保护等机制，并开展了数据创新应用。而目前，许多行业的数据资产管理已经进入到数据资产运营阶段，数据成了企业核心的生产要素，不仅能够满足企业内部各项业务创新，还逐渐成为服务企业外部的数据产品。企业也积极开展如数据管理能力成熟度模型（DCMM）等数据管理能力评估工作，不断提升数据资产管理能力。

金融、电信等行业普遍在 2000 年至 2010 年间就开始了数据仓库建设（简称数仓建设），

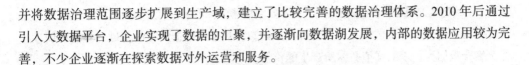

并将数据治理范围逐步扩展到生产域，建立了比较完善的数据治理体系。2010 年后通过引入大数据平台，企业实现了数据的汇聚，并逐渐向数据湖发展，内部的数据应用较为完善，不少企业逐渐在探索数据对外运营和服务。

## （四）数据资产管理工具百花齐放

数据资产管理工具是数据资产管理工作落地的重要手段。由于大数据技术栈中开源软件的缺失，数据资产管理的技术发展没有可参考的模板，工具开发者多从数据资产管理实践与项目中设计工具架构，各企业数据资产管理需求的差异化使得数据资产管理工具的形态各异。因此，数据资产管理工具市场呈现百花齐放的状态，目前数据资产管理工具可以是多个工具的集成，并以模块化的形式集中于数据管理平台。

元数据管理工具、数据标准管理工具、数据质量管理工具是数据资产管理工具的核心，数据价值工具是数据资产化的有力保障。中国信通院对数据管理平台的测试结果显示，数据管理平台对于元数据管理工具、数据标准管理工具和数据质量管理工具的覆盖率达到了100%，这些工具通过追踪记录数据、标准化数据、稽核数据的关键活动，有效地管理了数据，提升了数据的可用性。与此同时，主数据管理工具和数据模型管理工具的覆盖率均低于 20%，其中主数据管理多以解决方案的方式提供服务，而数据模型管理多在元数据管理中实现，或以独立工具在设计数据库或数据仓库阶段完成。超过 80% 的数据价值工具以直接提供数据源的方式进行数据服务，其它的数据服务方式包括数据源组合、数据可视化和数据算法模型等。超过 95% 的数据价值工具动态展示数据的分布应用和存储计算情况，但仅有不到 10% 的工具能够量化数据价值，并提供数据增值方案。

未来，数据资产管理工具将向智能化和敏捷化发展，并以自助服务分析的方式深化数据价值。Gartner 在 2019 年关于分析与商务智能软件市场的调研报告中显示，该市场在2018 年增长了 11.7%，而基于自助服务分析的现代商务智能和数据科学平台分别增长了23.3% 和 19%。随着数据量的增加和数据应用场景的丰富，数据间的关系变得更加复杂，问题数据也隐藏于数据湖中难以被发觉。智能化的探索梳理结构化数据间、非结构化数据间的关系将节省巨大的人力，快速发现并处理问题数据也将极大的提升数据的可用性。在数据交易市场尚未成熟的情况下，通过扩展数据使用者的范围，提升数据使用者挖掘数据价值的能力，将最大限度地开发和释放数据价值。

## （五）数据资产化面临诸多挑战

目前，困扰数据资产化的关键问题主要有数据确权困难、数据估值困难和数据交易市场尚未成熟。

（1）数据确权困难。明确数据权属是数据资产化的前提，但目前在数据权利主体以及权力分配上存在诸多争议。数据权不同于传统物权。物权的重要特征之一是对物的直接支配，但数据权在数据的全生命周期中有不同的支配主体，有的数据产生之初由其提供者支配,有的产生之初便被数据收集人支配(如微信聊天内容、电商消费数据、物流数据等);在数据处理阶段被各类数据主体所支配。原始数据只是大数据产业的基础,其价值属性远低于集合数据为代表的增值数据所产生的价值。

因此,法律专家们倾向于将数据的权属分开,即不探讨整体数据权,而是从管理权、使用权、所有权等维度进行探讨。而由于数据从法律上目前尚没有被赋予资产的属性,所以数据所有权、使用权、管理权、交易权等权益没有被相关的法律充分认同和明确界定。数据也尚未像商标、专利一样,有明确的权利申请途径、权利保护方式等,但目前对于数据的法定权利,尚未有完整的法律保护体系。

(2)数据估值困难。影响数据资产价值的因素主要有质量、应用和风险三个维度。质量是决定数据资产价值的基础,合理评估数据的质量水平,才能对数据的应用价值进行准确预测;应用是数据资产形成价值的方式,数据与应用场景结合才能贡献经济价值;风险则是指法律和道德等方面存在的限制。

目前,常用的数据资产估值方法主要有成本法、收益法和市场法三类。成本法从资产的重置角度出发,重点考虑资产价值与重新获取或建立该资产所需成本之间的相关程度;收益法基于目标资产的预期应用场景,通过未来产生的经济效益的折现来反映数据资产在投入使用后的收益能力,而根据衡量无形资产经济效益的不同方法又可具体分为权利金节省法、多期超额收益法和增量收益法;市场法则是在相同或相似资产的市场可比案例的交易价格的基础上,对差异因素进行调整,以此反映数据资产的市场价值。

评估数据资产的价值需要考虑多方面因素,数据的质量水平、不同的应用场景和特定的法律道德限制均对数据资产价值有所影响。虽然目前已有从不同角度出发的数据资产估值方法,但在实际应用中均存在不同的问题,有其适用性的限制。此外,构建成熟的数据资产评价体系,还需要以现有方法为基础框架,进一步探索在特定领域和具体案例中的适配方法。

(3)数据交易市场尚未成熟。2014年以来,国内出现了一批数据交易平台,各地方政府也成立了数据交易机构,包括贵阳大数据交易所、长江大数据交易中心、上海数据交易中心等。同时,互联网领军企业也在积极探索新的数据流通机制,提供了行业洞察、营销支持、舆情分析、引擎推荐、API数据市场等数据服务,并针对不同的行业提出了相应的解决方案。

但是,由于数据权属和数据估值的限制,以及数据交易政策和监管的缺失等因素,目前国内的数据交易市场尽管在数据服务方式上有所丰富,却发展依然面临诸多困难,从而阻碍了数据资产化的进程。主要体现在如下两点。一是市场缺乏信任机制,技术服务方、数据提供商、数据交易中介等可能会私下缓存并对外共享、交易数据,数据使用企业不按协议要求私自留存、复制甚至转卖数据的现象普遍存在。中国各大数据交易平台并未形成统一的交易流程,甚至有些交易平台没有完整的数据交易规范,使得数据交易存在很大风险。二是缺乏良性互动的数据交易生态体系。数据交易中所涉及的采集、传输、汇聚活动日益频繁，相应的，个人隐私、商业机密等一系列安全问题也日益突出，亟须建立包括监管机构和社会组织等多方参与的，法律法规和技术标准多要素协同的，覆盖数据生产流通全过程和数据全生命周期管理的数据交易生态体系。

## 五、数据安全合规要求不断提升

2019 年以来，大数据安全合规方面不断有事件曝出。2019 年 9 月 6 日，位于杭州的大数据风控平台杭州魔蝎数据科技有限公司被警方控制，高管被带走，相关服务暂时瘫痪。同日，另一家提供大数据风控服务的新颜科技人工智能科技有限公司高管被带走协助调查。以两平台被查为开端，短短一周内，多家征信企业分别有人被警方带走调查，市场纷纷猜测与爬虫业务有关。一时间，大数据安全合规的问题，特别是对于个人信息保护的问题，再次成了行业关注的热点。

### （一）数据相关法律监管日趋严格规范

与全球不断收紧的数据合规政策相类似，中国在数据法律监管方面也日趋严格规范。

当前中国大数据方面的立法呈现出以个人信息保护为核心，同时还包含基本法律、司法解释、部门规章、行政法规等综合框架，一些综合性法律中也涉及了个人信息保护条款。

2019 年以来，数据安全方面的立法进程明显加快。中央网信办针对四项关于数据安全的管理办法相继发布征求意见稿，其中，《儿童个人信息网络保护规定》已正式公布，并于 2019 年 10 月 1 日开始施行。一系列行政法规的制订，唤起了民众对数据安全的强烈关注。

但不可否认的是，从法律法规体系方面来看，中国的数据安全法律法规仍不够完善，呈现出缺乏综合性统一法律、缺乏法律细节解释、保护与发展协调不够等问题。2018 年，十三届全国人大常委会立法规划中的"条件比较成熟、任期内拟提请审议的法律草案"包括了《个人信息保护法》《数据安全法》两部。个人信息和数据保护的综合立法时代即将来临。

### （二）数据安全技术助力大数据合规要求落地

数据安全的概念来源于传统信息安全的概念。在传统信息安全中数据是内涵，信息系统是载体，数据安全是整个信息安全的关注重点。信息安全的主要内容是通过安全技术保障数据的秘密性、完整性和可用性。从数据生命周期的角度区分，数据安全技术包括作用于数据采集阶段的敏感数据鉴别发现、数据分类分级标签、数据质量监控；作用于数据存储阶段的数据加密、数据备份容灾；作用于数据处理阶段的数据脱敏、安全多方计算、联邦学习；作用于数据删除阶段的数据全副本销毁；作用于整个数据生命周期的用户角色权限管理、数据传输校验与加密、数据活动监控审计等。

当前中国数据安全法律法规重点关注个人信息的保护，大数据行业整体合规也必然将以此作为核心。而在目前的数据安全技术中有为数不少的技术手段瞄准了敏感数据在处理使用中的防护，例如数据脱敏、安全多方计算、联邦学习等。

在《数据安全管理办法（征求意见稿）》中明确要求，对于个人信息的提供和保存要经过匿名化处理，而数据脱敏技术是实现数据匿名化处理的有效途径。应用静态脱敏技术可以保证数据对外发布不涉及敏感信息，同时在开发、测试环境中保证敏感数据集本身特性不变的情况下能够正常进行挖掘分析；应用动态脱敏技术可以保证在数据服务接口能够实时返回数据请求的同时杜绝敏感数据泄露风险。

安全多方计算和联邦学习等技术能够确保在协同计算中任何一方实际数据不被其他方获得的情况下完成计算任务并获得正确计算结果。应用这些技术能够在有效保护敏感数据以及个人隐私数据不存在泄露风险的同时完成原本需要执行的数据分析、数据挖掘、机器学习等任务。

上述技术是当前最为主流的数据安全保护技术，也是最有利于大数据安全合规落地的数据安全保护技术。其中的各项技术分别具有各自的技术实现方式、应用场景、技术优势和当前存在的问题，具体的对比如表3。

上述技术均存在多种技术实现方式，不同实现方式能达到对于隐私数据的不同程度保护，不同的应用场景对于隐私数据的保护程度和可用性也有不同的需求。作为助力实现大数据安全合规落地的主要技术，在实际应用中使用者应根据具体的应用场景选择合适的隐私保护技术以及合适的实现方式，而繁多的实现方式和产品化的功能点区别导致技术使用者具体进行选择时会遇到很大的困难。通过标准对相应隐私保护技术进行规范化，便可以有效地应对这种情况。

未来伴随着大数据产业的不断发展，个人信息和数据安全相关法律法规将不断出台，在企业合规方面，应用标准化的数据安全技术是十分有效的合规落地手段。随着公众数据安全意识的提升和技术本身的不断进步完善，数据安全技术将逐渐呈现出规范化、标准化的趋势，参照相关法律法规要求进行相关产品技术标准制定，应用符合相应技术标准的数据安全技术产品，保证对于敏感数据和个人隐私数据的使用合法合规，将成为未来大数据产业合规落地的一大趋势。

## （三）数据安全标准规范体系不断完善

相对于法律法规和针对数据安全技术的标准，在大数据安全保护中，标准和规范也发挥着不可替代的作用。《信息安全技术个人信息安全规范》是个人信息保护领域重要的推荐性标准，标准结合国际通用的个人信息和隐私保护理念，提出了"权责一致、目的明确、选择同意、最少够用、公开透明、确保安全、主体参与"七大原则，为企业完善内部个人信息保护制度及实践操作规则提供了更为细致的指引。2019 年 6 月 25 日，该标准修订后的征求意见稿正式发布。

一系列聚焦数据安全的国家标准近年来陆续发布。包括《大数据服务安全能力要求》（GB/T 35274-2017）《大数据安全管理指南》（GB/T 37973-2019）《数据安全能力成熟度模型》（GB/T 37988-2019）《数据交易服务安全要求》（GB/T 37932-2019）等，这些标准对于中国数据安全领域起到了重要的指导作用。

中国通信标准化协会大数据技术标准推进委员会（CCSA TC601）推出的《可信数据服务》系列规范将个人信息保护推广到企业数据综合合规。标准针对数据供方和数据流通平台的不同角色身份，从管理流程和管理内容等方面对企业数据合规提出了推荐性建议。规范列举了数据流通平台提供数据流通服务时，在平台管理、流通参与主体管理、流通品管理、流通过程管理等方面的管理要求和建议，以及数据供方提供数据产品时，在数据产品管理、数据产品供应管理等方面需满足和体现服务能力与服务质量的要求。系列规范已于2019年6月发布。

## 六、大数据发展展望

党的十九届四中全会提出将数据与资本、土地、知识、技术和管理并列作为可参与分配的生产要素，这体现出数据在国民经济运行中变得越来越重要。数据对经济发展、社会生活和国家治理正在产生着根本性、全局性、革命性的影响。

技术方面，我们仍然处在"数据大爆发"的初期，随着5G、工业互联网的深入发展，将带来更大的"数据洪流"，这就为大数据的存储、分析、管理带来更大的挑战，从而牵引大数据技术再上新的台阶。硬件与软件的融合、数据与智能的融合将带动大数据技术向异构多模、超大容量、超低时延等方向拓展。

应用方面，大数据行业应用正在从消费端向生产端延伸，从感知型应用向预测型、决策型应用发展。当前，互联网行业已经从"IT时代"全面进入"DT时代"（Data Technology）。未来几年，随着各地政务大数据平台和大型企业数据平台的建成，将促进政务、民生与实体经济领域的大数据应用再上新的台阶。

治理方面，随着国家数据安全法律制度的不断完善，各行业的数据治理也将深入推进。数据的采集、使用、共享等环节的乱象得到遏制，数据的安全管理成为各行各业自觉遵守的底线，数据流通与应用的合规性将大幅提升，健康、可持续的大数据发展环境逐步形成。

然而，中国大数据发展也同样面临着诸多问题。例如，大数据原创性的技术和产品尚不足；数据开放共享水平依然较低，跨部门、跨行业的数据流通仍不顺畅，有价值的公共信息资源和商业数据没有充分流动起来；数据安全管理仍然薄弱，个人信息保护面临新威胁与新风险。这就需要大数据从业者们在大数据理论研究、技术研发、行业应用、安全保护等方面付出更多的努力。

新的时代，新的机遇。我们也看到，大数据与5G、人工智能、区块链等新一代信息技术的融合发展日益紧密。特别是区块链技术，一方面区块链可以在一定程度上解决数据确权难、数据孤岛严重、数据垄断等"先天病"，另一方面隐私计算技术等大数据技术也反过来促进了区块链技术的完善。在新一代信息技术的共同作用下，中国的数字经济正向着更加互信、共享、均衡的方向发展，数据的"生产关系"正在进一步重塑。

# 第二节　大数据的定义与本质

随着大数据时代的来临，大数据（Big Data）这个词近年来成了关注度极高和使用极频繁的一个热词。然而，与这种热度不太对称的是，大众只是跟随使用，对大数据究竟是什么并没有真正的了解。学术界对大数据的含义也莫衷一是，很难有一个规范的定义。虽然说大数据时代刚刚来临，对大数据的含义有着不同的理解完全是正常的，但对专业工作者来说，我们还是有必要对其做一个系统的比较和梳理，以便大众更好地把握大数据的内涵和本质。

## 一、大数据的语义分析

早在 1980 年，著名未来学家阿尔文·托夫勒在其《第三次浪潮》一书中就描绘过未来信息社会的前景并强调了数据在信息社会中的作用。随着信息技术特别是智能信息采集技术、互联网技术的迅速发展，各类数据都呈现出急剧爆发之势，计算机界因此提出了"海量数据"的概念。并突出了数据挖掘的概念和技术，以便从海量的数据中挖掘出需要的数据成了一种专门的技术和学科，为大数据的提出和发展做好了技术的准备。2008 年 9 月，《自然》杂志推出了"大数据"特刊，并在封面中特别突出了"大数据专题"。2009 年开始，在互联网领域，"大数据"一词已经成了一个热门的词汇。不过，这个时候的"大数据"概念与现在的"大数据"概念，虽然名字相同，但内涵和本质有着巨大的差别，而且主要局限于计算机行业。

2011 年 6 月，美国著名的麦肯锡咨询公司发表了一份《大数据：下一个创新、竞争和生产力的前沿》的研究报告。在这份报告中，麦肯锡公司不但重新提出了大数据的概念，而且全面阐述了大数据在未来经济、社会发展中的重要意义，并宣告大数据时代的来临。由此，大数据一词很快越出学术界而成为社会大众的热门词汇，麦肯锡公司也成为大数据革命的先驱者。2012 年的美国大选中，奥巴马团队成功运用大数据技术战胜对手，并且还将发展大数据上升为国家战略，以政府之名发布了《大数据研究与发展计划》，让专业的大数据概念变为家喻户晓的词汇。美国的 Google、Facebook、Amazon 以及中国的百度、腾讯和阿里巴巴，这些数据时代的造富神话更让大众知晓了大数据所蕴藏的巨大商机和财富，于是大数据成为世界各国政府和公司追逐的对象。2012 年 2 月 11 日，《纽约时报》发表了头版文章，宣布大数据时代已经降临。2012 年 6 月，联合国专门发布了大数据发展战略，这是联合国第一次就某一技术问题发布报告。英国学者维克托·舍恩伯格的《大数据时代》一书则对大数据技术及其对工作、生活和思维方式进行了全面的普及，因此大数据及其思维模式在全世界得到了迅速的传播。从国内来说，涂子沛的《大数据：正在到来的数据革命》让国人及时了解到国际兴起的大数据热，让我们与国际同行保持同步。

大数据究竟是什么意思呢？从字面来说，所谓大数据就是指规模特别巨大的数据集合，因此从本质上来说，它仍然是属于数据库或数据集合，不过是规模变得特别巨大而已。因此麦肯锡公司在上述的咨询报告中将大数据定义为："大小超出常规的数据库工具获取、存储、管理和分析能力的数据集。"

维基百科对大数据这样定义：Big Data is an all-encompassing term for any collection of data sets so large or complex that it becomes difficult to process using traditional data processing applications。中文维基百科则说："大数据，或称巨量资料，指的是所涉及的数据量规模巨大到无法通过人工在合理时间内截取、管理、处理，并整理成为人类所能解读的信息。"

世界著名的美国权威研究机构 Gartner 对大数据给出了这样的定义："大数据是需要新处理模式才能具有更强的决策力、洞察发现力和流程优化能力的海量、高增长率和多样化的信息资源。"百度百科则基本引用 Gartner 对大数据的定义，认为大数据，或称巨量资料，指的是需要新处理模式才能具有更强的决策力、洞察发现力和流程优化能力的海量、高增长率和多样化的信息资产。

英国大数据权威维克托则在其《大数据时代》一书中这样定义："大数据并非一个确切的概念。最初，这个概念是指需要处理的信息量过大，已经超出了一般电脑在数据处理时所能使用的内存量，因此工程师们必须改进处理数据的工具。""大数据是人们获得新认知、创造新的价值的源泉；大数据还是改变市场、组织机构，以及政府与公民关系的方法。"

John Wiley 图书公司出版的《大数据傻瓜书》对大数据概念是这样解释的："大数据并不是一项单独的技术，而是新、旧技术的一种组合，它能够帮助公司获取更可行的洞察力。因此，大数据是管理巨大规模独立数据的能力，以便以合适速度、在合适的时间范围内完成实时分析和响应。"

大数据技术引入国内之后，我国学者对大数据的理解也一样五花八门，不过跟国外学者的理解比较类似。最早介入并对大数据进行了比较深入研究的三位院士的观点应该具有一定的代表性和权威性。

邬贺铨院士认为："大数据泛指巨量的数据集，因可从中挖掘出有价值的信息而受到重视。"李德毅院士则说："大数据本身既不是科学，也不是技术，我个人认为，它反映的是网络时代的一种客观存在，各行各业的大数据，规模从 TB 到 PB 到 EB 到 ZB，都是以三个数量级的阶梯迅速增长，是用传统工具难以认知的，具有更大挑战的数据。"而李国杰院士则引用维基百科定义："大数据是指无法在一定时间内用常规软件工具对其内容进行抓取、管理和处理的数据集合"，认为"大数据具有数据量大、种类多和速度快等特点，涉及互联网、经济、生物、医学、天文、气象、物理等众多领域。"

我国最早介入大数据普及的学者涂子沛在其《大数据：正在到来的数据革命》中，将大数据定义为："大数据是指那些大小已经超出了传统意义上的尺度，一般的软件工具难以捕捉、存储、管理和分析的数据。"由于涂子沛的著作发行量比较大，因此他对大数据的这个界定也具有一定的影响力。

从国内外学者对大数据的界定来看，虽然目前没有统一的定义，但基本上都从数据规模、处理工具、利用价值三个方面来进行界定：①大数据属于数据的集合，其规模特别巨大；②用一般数据工具难以处理因而必须引入数据挖掘新工具；③大数据具有重大的经济、社会价值。

## 二、大数据的哲学本质

大数据究竟是什么这个问题，仅仅从语义和特征来回答，似乎并没有完全揭示出大数据的本质。大数据时代的来临，最重要的是给我们带来了数据观的变革，只有从哲学世界观的视角分析大数据的世界观或数据观，才能真正回答大数据究竟是什么。简单说来，大数据作为一场数据革命，除了带来海量数据，并且这些数据具有 4V 特征之外，更重要的是大数据带来的数据世界观。在大数据看来，万物皆数据，万物皆可被数据化，大数据刻画了世界的真实环境，并且带来了信息的完全透明化，使得我们的世界变成了一个透明的世界。

### （一）在大数据看来，万物皆由数据构成，世界的本质是数据

世界究竟是什么？这是哲学家长期关注的重大问题。从古希腊哲学家泰勒斯开始，哲学家们就开始探索世界的本原，并从 beginning（起源）和 element（要素）两个维度进行了回答。早期自然哲学家曾经把水、火、土、气、原子分别作为本原，而后期的人文哲学家则基本上将人类精神作为本原。马克思主义哲学正是从 beginning 的维度将历史上的所有哲学分为唯物主义和唯心主义，在这一维度，物质和精神是对立的，只能二者选一。从 element 的维度看，物质和精神都是构成世界的要素，而且以往的哲学家和科学家基本都认为也只有这两者才是构成世界的终极要素。但刚刚兴起的大数据则认为，除了以往认为的物质和精神之外，数据是构成世界的终极要素之一，即构成世界的三大终极要素是物质、精神和数据。英国大数据权威维克托·舍恩伯格甚至认为，世界万物皆由数据构成，数据是世界的本质。

万物皆数据，数据是世界的本质，世界上的一切。无论是物质还是意识，最终都可以表述为数据，这样数据就成了物质、意识的表征，甚至将物质和意识关联统一起来。古希腊哲学家毕达哥拉斯从音乐与数字、几何图形与数字的关系中发现了数据的重要性，提出了"数是万物本原"的思想，强调了数据对世界构成的意义以及对世界认知的影响。无独有偶，老子在数千年前就认识到数据的世界终极本质，在《周易》中就提出了"道生一，

一生二，二生三，三生万物"的思想，把世界的生成与数据联系起来。特别是在《易传》中的阴阳八卦图中，从阴阳两极相反相成，从阴阳两仪，到八卦、六十四卦象等，由此不断演化，最后生成整个世界。两千多年以前的毕达哥拉斯和《周易》都不约而同地揭示了数据与万物的关系，以及世界的数据本质，充分强调了数据在世界构成中的重要地位。但是，在随后的两千多年的历史长河中，数据在人类生活和科学认知中虽然越来越重要，而且也有莱布尼兹、康德、马克思等哲学家关注过数据的重要性，不过总体来说，哲学家们对数据基本上是忽视的。随着大数据时代的来临，数据才获得到了应有的地位，哲学家们才又想起毕达哥拉斯和《周易》的数据世界观。可以说，大数据时代的来临是毕达哥拉斯和《周易》所提出的数据世界观的当代回响。

### （二）在大数据看来，世界万物皆可被数据化，大数据可实现量化一切的目标

数据是对世界的精确测度和量化，是认知世界的科学工具。自从发明了数字和测量工具，人类就不断地试图对世界的一切进行数据测量、精确记录。古埃及时期，由于尼罗河泛滥，人们每年需要重新丈量土地，于是发现了数据的秘密，并发明了测量技术。于是，数据成了测量、记录财富的工具，人们日常生活所接触的大量物品、财产都可以用数据来表征，这个时期的数据可被称为"财富数据"。文艺复兴之后，人们逐渐发明了望远镜、显微镜、钟表等科学测量器具。随着测量技术的进步，测量与数据被广泛应用于科学研究之中。例如天文学家第谷对天文现象进行了大量的观察记录，并积累了大量的天文数据。随后，力学、化学、电磁学、光学、地学、生物学等，各门学科都通过测量走上了数据化、精确化的道路。各门科学积累大量的科学数据，并借助于数据，各种自然现象都实现了可测量、可计算的精确化、数据化的目标，自然科学各学科也完成了其科学化的历程。这个时期可被称为"科学数据"时期。

由于人类意识的复杂性，人类及其社会的测量和数据化成为量化一切的拦路虎。社会科学虽然引进自然科学方法，但其数据的客观性往往招致质疑，而人文学科更是停留在思辨的道路上。在传统方法遇到困难的地方，大数据却可以大显身手。大数据用海量数据来测量、描述复杂的人类思想及其行为，让人类及其社会也彻底被数据化，这些数据可被称为"人文数据"。所以，大数据时代将数据化的脚步向前迈进了一大步，在财富数据化、科学数据化的基础上，实现了人文社会行为的数据化。因此，从大数据来看，数据是物质的根本属性，世界万物皆可被数据化，其一切状态和行为都可以用数据来表征，量化一切是大数据的终极目标。

### （三）大数据全面刻画了世界的真实状态，科学研究不必再做理想化处理

真实、全面地认知世界是人类的一种理想，同时也是摆在人类面前的一道难题。真实的世界，无论是自然界还是人类社会，都极为复杂，需要极其繁多的参数才能准确、全面

地对其进行描述。但是，由于过去没有先进的数据采集、存储和处理技术，于是不得不对复杂的研究对象进行"孤立、静止、还原"的简单化处理。所谓孤立就是把对象与环境的所有联系都切断，让其成为一个孤立的研究对象，免得受外界的侵扰。所谓静止，就是将本来运动变化的对象做一时间截面，然后就以这一时点的状态代表所有时点的状态。所谓还原是指将复杂的现象逐渐返回到几个简单的要素或原点，然后从要素的性质和状态推演出系统的性质和状态。复杂对象经过简单化处理之后，虽然我们能够认识和把握对象的某些性质和状态，但毕竟经过了简单、粗暴的理想化处理，它已经不能真正反映真实对象和真实世界。

大数据技术使用了无处不在的智能终端来自动采集海量的数据，并用智能系统处理、存储海量数据，使得不再需要对研究对象做孤立、静止和还原的简单化处理，而是将对象完全置于真实环境之中，有关对象的大数据全面反映了复杂系统各个要素、环节、时态的真实、全面状态。这样，在大数据时代，我们就可以在真实、自然的状态下研究复杂的对象。大数据记录了真实环境下研究对象的真实状态，因此我们可以利用大数据去真实、完整、全面地刻画复杂的研究对象。这就是说，大数据是真实世界的全面记录，一切状态尽在数据之中，大数据真正客观地反映了对象的真实状态。

### （四）万物的数据化带来了世界的透明化，未来的世界是一个透明世界

宇宙万物，复杂多变，人们面对复杂多变的世界往往感到漆黑一片，难怪哲学家康德会认为，现象世界背后存在着一个物自体，而这个物自体就像一个黑箱，永远无法被人类认知，那是上帝留下的自留地，科学无法涉足其中。这就是说，真实的世界就像一个大黑箱，我们永远无法打开，我们人类就像那个剥洋葱的小男孩，剥到最后也不知道里边究竟是什么。

但是，大数据技术彻底改变了人类对世界的认知。由于无处不在的智能芯片，整个世界变成了一个智能的世界、数据的世界，或者叫智慧世界。通过赋予世界以智慧，一切事物都被安装了充满智慧的大脑。无所不知的智能系统可以感知出世界的一切，而且将一切状态都以数据的形式记录、储存下来。通过数据挖掘，我们人类就可以知道了世界的一切秘密。康德所设置的科学禁区被大数据所打破，透过大数据，世界变成了一个完全透明的世界，一切都可以被人类所感知、把握和预知。大数据让我们的世界从一个附魅的世界变成了祛魅的世界，数据的阳光把原本黑暗、神秘的世界深处照得通彻透亮。在大数据面前，无论是自然物质世界还是人类精神世界，都从黑天鹅变成了白天鹅甚至是透明的天鹅，大数据成了无所不能的上帝。套用赞美牛顿的一首英格兰儿歌来说，宇宙万物及其秘密都隐藏在黑暗之中，上帝说，让大数据去吧，于是一切都变成了光明！

大数据究竟是什么？这个问题虽然难于用一句话回答，但从大数据的语义中我们知道了大数据意味着数据规模特别巨大，以至于传统的技术手段难于处理。从大数据的4V特征中，我们进一步了解到大数据时代的所谓数据已经从狭义的数字符号走向了广义的信息

表征，一切信息都是数据。从大数据的哲学本质中，我们更深入地发掘出大数据现象背后所蕴藏的哲学本质：大数据代表着一种新的世界观，万物皆数据，数据是万物的本质属性，而且随着大数据的发展，我们的世界将变成一个完全被数据化的透明世界。

## 三、大数据时代社会治理逻辑创新

### （一）树立科学大数据的理念是大数据时代社会治理方式创新的前提

随着数据在社会生活作用的日益明显，树立科学的大数据理念对于科学运用大数据具有前置作用。一是重视数据。加强领导干部的数据意识，培养用数据说话的意识和客观分析的理性思维。二是要尊重数据。加强对知识的尊重和对科技人才的重视，提高科技决策在政府决策的地位，使数据成为判断的标准参考。三是要敬畏数据。加强对大数据理论的学习和思考，进一步提高对数据的认知和驾驭能力。

### （二）建立广泛的数据获取渠道是大数据时代社会治理方式创新的基础

数据的多少、质量的好坏是数据服务社会治理的关键。一是要建立明确的数据权属。制定数据边界清单，厘清数据共享范围。二是要建立数据正常交易渠道。尝试以发达地区为试点，开展大数据交易平台建设应用，为数据提供合法的、正规交换平台。三是建立权力与责任统一的数据应用模式。建立监管机制，使商家在使用数据的同时，履行好数据保护和数据清洗的义务。

### （三）建设服务型政府是大数据时代社会治理方式创新的关键

政府要加强利用大数据实现政府职能转变，充分运用大数据平台，进一步提升服务便民服务水平，切实加强人民群众的安全和满意度。一是建立跑一趟的服务机制。利用大数据的便利优势，实现政务信息公开，设置查询"一键通"功能，为群众办事提供数字向导，同时减少政府开支。二是加强政府、企业间数据共享。打破数据壁垒是数据共享的关键。加快建立数据共享机制，充分调动相关企业、机关的积极性，构建公民办事信息的全网共享使用，减少重复录入、采集问题。三是打破信息垄断。将数据公开于民，使企业更加便捷地获取想要的数据，从而更好分析形势以保证经济的稳健发展。

### （四）加强资本防范和技术监管是大数据时代社会治理方式创新的底线

大数据技术异化的背后，不仅是利益相关者之间的博弈，也是资本逐利的外现。新经济不排斥资本的功能，但当资本目标与公共利益发生冲突时，就要毫不犹豫地选择服从公共利益，对资本控制进行防范。只有明确资本走向，扎牢法制围栏，通过相关部门对市场中各种违法违规行为严加防范、严厉打击，以法治赢得利益各方的信任，才能让资本有效助推大数据发展。此外，要确保大数据安全，还要构筑牢固的技术安全底线。归根结底，大数据是依靠互联网技术支撑的，技术上的控制力在大数据的发展中起到了至关重要的作用。因此，要提高技术创新力度，努力实现关键网络设施及软件产品的国产化，摆脱对西方技术的依赖，从根本上提升大数据平台的安全防护能力。

# 第三节　大数据的分类与技术

## 一、大数据网络中数据分类优化

大数据时代的到来给人类生活带来许多便利，涉及各个行业领域。由于数据量的庞大，因此在进行处理时，较难把握数据的完整性和纯度性，运用大数据进行数据分类优化可以保证数据质量，提高数据管理效率。本节就数据分类优化的相关概念进行阐述，指出传统数据分类方法的不足，探讨数据分类在大数据网络中如何应用。

### （一）大数据网络和数据分类优化的相关概念

大数据就是利用计算机对数量庞大的数据进行处理。在一定范围内，无法运用常规数据处理软件对数据进行处理加工时，需要开发新的数据处理模式对数据进行处理的方法。

数据分类是指将某种具有共性或相似属性的数据归在一起，根据数据特有属性或特征进行检索，方便数据查询与索引。常见的数据分类有连续型和离散型、时间序列数据和截面数据、定序数据、定类数据、定比数据等，数据分类应用较多的行业是逻辑学、统计学等学科。数据分类遵循以下几条原则：一是稳定性，进行数据分类的标准是数据各组特有的属性，这种属性应是稳定的，确保分类结果的稳定；二是系统性，数据进行分类必须逻辑清晰，系统有条理；三是可兼容性，数据分类的基本目的就是存储更多数据，在数据量加大时，保证数据的类别可以共存；四是扩充性，数据根据分类标准可以随时扩充；五是实用性，数据分类的目的是对数据进行更好的管理和使用，有明确的分类标准，逻辑清晰，方便索引，数据获取方便。

### （二）传统数据分类优化识别方法存在的问题

21 世纪是大数据时代，大数据网络衍生大量数据，对数据进行分类尤其重要，传统数据分类缺乏大数据环境带来的优势，对数据分类只是通过计算机根据现有分类标准进行粗略划分，在后期数据索引工作造成较大麻烦。常见的数据分类方法造成数据冗余度过高，在数据处理和使用过程中，索引属性或特征遭遇改变，使得最初的数据分类标准变得不明确，对数据管理造成困扰。

### 1.分类数据冗余度过高

数据冗余是指数据重复，即一条数据信息可在多个文件中查询，数据冗余度适当可以保证数据安全，防止数据丢失。但数据冗余度高会导致数据索引过程中降低数据查询准确性，很多人为简化操作流程对同一数据在不同地方存放，为了数据完整性进行多次存储和备份，这些操作无形中会增大数据冗余度。传统数据分类处理存在数据丢失的顾虑，只是对数据进行多次备份，没有认识到增加数据独立性、减少数据冗余度可以保证数据资源的质量和使用效率这一重要性。

### 2.数据分类标准不明确

数据分类是为了对数据进行更好的管理和使用，人们进行数据分类是希望对之前操作造成的数据冗余度适量降低，但传统数据分类并没有确定明确的分类标准，对数据进行盲目分类，在后期索引中造成不便，无法实现数据的有效提取。传统数据分类采用的方法是基于支持向量机的分类方法、基于小波变换算法分类方法、基于数据增益算法，以上几种分类算法造成数据冗余度过高。

## （三）大数据网络中数据分类优化识别探究

### 1.实现数据冗余分类优化

数据冗余度是一种多种类分类的问题，增加数据独立性和降低数据冗余度是计算机分类数据的目标之一。大数据网络优化通过改变分类算法，从而对数据冗余现象进行处理分析，在数据分类优化识别过程中，利用局部特征分析方法，对冗余数据中的关键信息作二次提取并相应标记，更换第一次数据识别属性或特征，并将更换过的数据属性作为冗余度数据识别标准，实现冗余度数据的二次分类优化识别。

### 2.据分类标准明确清晰

大数据网络中数据有多个类别，对数据进行分类优化识别必须具有明确清晰的标准，这是传统计算机网络不能做到的。以大数据为研究对象，根据特定标准进行数据分类，提取大数据中的关键属性和特征作为分类标准，在后期数据整理归类时按照相应的分类标准进行归档处理，实现数据的高效管理和使用。经研究表明，在 Matlab 的仿真模拟环境中，利用虚拟技术对数据进行分类优化识别过程进行模拟，根据仿真图像可得出，大数据网络下数据分类处理呈现时域波形，表明数据分类处理结果较为准确。此外，还可以通过向量量化方法对大数据信息流中的关键数据进行获取和处理，作为数据分类优化识别的结果，此种方法也获得了理想效果。

大数据网络下对数据进行分类优化识别具有重要意义，通过本节论述，数据冗余度仍然是大数据网络分类优化识别应用的主要问题，数据在输入和使用过程中造成数据冗余等普遍问题，加强对数据冗余度的处理，可以实现数据分类优化识别的目的。数据分类优化识别讲究准确，提高准确率对数据分类优化识别起到关键作用，改进数据分类优化识别出来方法，在降低数据冗余度的同时，促进大数据网络中数据分类优化识别的进一步发展。

# 二、大数据时代数据挖掘技术

21 世纪是数据信息大发展的时代，移动互联、社交网络、电子商务等都极大拓展了其应用范围，各种数据迅速扩张增长。大数据蕴藏着价值信息，但如何从海量数据中淘换出出对客户有用的沙金甚至钻石，是数据人面临的巨大挑战。本节在分析大数据基本特征的基础上，对数据挖掘技术的分类及数据挖掘的常用方法进行了简单分析，以期能够在大数据时代背景下能够在数据挖掘方向取得些许成绩。

## （一）大数据时代数据挖掘的重要性

随着互联网、物联网、云计算等技术的快速发展，以及智能终端、网络社会、数字地球等信息体的普及和建设，全球数据量出现爆炸式增长，仅在 2011 年就达到 1.8 万亿 GB。IDC（Internet Data Center，互联网络数据中心）预计，到 2020 年全球数据量将增加 50 倍。毋庸置疑，大数据时代已经到来。一方面，云计算为这些海量的、多样化的数据提供存储和运算平台，同时数据挖掘和人工智能也从大数据中发现知识、规律和趋势，为决策提供信息参考。

如果运用合理的方法和工具，在企业日积月累形成的浩瀚数据中，是可以淘到沙金的，甚至可能发现许多大的钻石，在一些信息化较成熟的行业，就有这样的例子。比如银行的信息化建设就非常完善，银行每天生成的数据数以万计，储户的存取款数据、ATM 交易数据等。

数据挖掘是借助 IT 手段对经营决策产生决定性影响的一种管理手段。从定义上来看，数据挖掘是指一个完整的过程，该过程是从大量、不完全、模糊和随机的数据集中识别有效的、可实用的信息，并运用这些信息做出决策。

## （二）数据挖掘的分类

数据挖掘技术从开始的单一门类的知识逐渐发展成为一门综合性的多学科知识，并由此产生了很多的数据挖掘方法，这些方法种类多，类型也有很大的差别。为了满足用户的实际需要，现对数据挖掘技术进行如下几种分类：

### 1. 按挖掘的数据库类型分类

利用数据库对数据分类成为可能是因为数据库在对数据储存时就可以对数据按照其类型、模型以及应用场景的不同来进行分类，根据这种分类得到的数据在采用数据挖掘技术时也会有满足自身的方法。对数据的分类有两种情况，一种是根据其模型来分类，另一种是根据其类型来分类，前者包括关系型、对象 - 关系型以及事务型和数据仓库型等，后者包括时间型、空间型和 Web 型的数据挖掘方法。

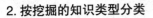

**2. 按挖掘的知识类型分类**

这种分类方法是根据数据挖掘的功能来实施的，其中包括多种分析的方式，例如相关性、预测及离群点分析方法。充分的数据挖掘不仅仅是一种单一的功能模式，而是各种不同功能的集合。同时，在上述分类的情况下，还可以按照数据本身的特性和属性来对其进行分类，例如数据的抽象性和数据的粒度等，利用数据的抽象层次来分类时可以将数据分为三个层次，即广义知识的高抽象层，原始知识的原始层以及到多层的知识的多个抽象层。一个完善的数据挖掘可以实现对多个抽象层数据的挖掘，找到其有价值的知识。同时，在对数据挖掘进行分类时还可以根据其表现出来的模式及规则性和是否检测出噪声来分类。一般来说，数据的规则性可以通过多种不同的方法挖掘，例如相关性和关联分析以及通过对其概念描述和聚类分类、预测等方法，同时还可以通过这些挖掘方法来检测和排除噪声。

**3. 按所用的技术类型分类**

数据挖掘的时候采用的技术手段千变万化，例如可以采用面向数据库和数据仓库的技术以及神经网络及其可视化等技术手段，同时用户在对数据进行分析时也会使用很多不同的分析方法，根据这些分析方法的不同可以分为遗传算法、人工神经网络等等。一般情况下，一个庞大的数据挖掘系统是集多种挖掘技术和方法的综合性系统。

根据数据挖掘的应用的领域来进行分类，包括财经行业、交通运输业、网络通信业、生物医学领域如 DNA 等，在这些行业或领域中都有满足自身要求的数据挖掘方法。对于特定的应用场景，此时就可能需要与之相应的特殊的挖掘方法，并保证其有效性。综上所述，基本上不存在某种数据挖掘技术可以在所有的行业中都能使用的技术，因此每种数据挖掘技术都有自身的专用性。

## （三）数据挖掘中常用的方法

目前数据挖掘方法主要有 4 种，这四种算法包括遗传、决策树、粗糙集和神经网络算法。以下对这四种算法进行一一解释说明。

遗传算法：该算法依据生物学领域的自然选择规律以及遗传的机理发展而来，是一种随机搜索的算法，通过利用仿生学的原理来对数据知识进行全局优化处理。是一种基于生物自然选择与遗传机理的随机搜索算法，是一种仿生全局优化方法。这种算法具有隐含并行性、易与其它模型结合等优点从而在数据挖掘中得到了应用。

决策树算法：在对模型的预测中，该算法具有很强的优势，利用该算法对庞大的数据信息进行分类，从而对有潜在价值的信息进行定位，这种算法的优势也比较明显，在利用这种算法对数据进行分类时非常迅速，同时描述起来也很简洁，在大规模数据处理时，这种方法的应用性很强。

粗糙集算法：这个算法将知识的理解视为对数据的划分，将这种划分的一个整体叫作概念，这种算法的基本原理是将不够精确的知识与确定的或者准确的知识进行类别同时进行类别刻画。

神经网络算法：在对模型的预测中，该算法具有很强的优势，利用该算法对庞大的数据信息进行分类，从而对有潜在价值的信息进行定位。这种算法的优势也比较明显，在利用这种算法对数据进行分类时非常迅速，同时描述起来也很简洁，在大规模数据处理时，这种方法的应用性很强。由于光缆监测及其故障诊断系统对于保证通信的顺利至关重要，同时这种技术方法也是顺应当今时代的潮流必须推广使用的方法。同时，该诊断技术为通信管网和日常通信提供了可靠的技术支持和可靠的后期保证。

# 第四节　大数据的特征

## ■ 一、大数据的 4V 特征

我们从大数据的概念中很难把握大数据的属性和本质，因此国内外学者都在大数据概念的基础上继续深入探讨大数据的基本特征，其中最有代表性的是大数据的 3V 特征或 4V 特征。所谓大数据的 3V 或 4V 特征是指大数据所具有的三个或四个以英文字母 V 打头的基本特征。所谓的 3V 是指 Volume（体量）、Variety（多样）、Velocity（速度），这三个 V 是比较公认的，基本上没有争议。而 4V 是在 3V 的基础上再加上一个 V，而这个 V 究竟是什么，目前有比较大的争议。有人将 Value（价值）作为第四个 V，而有人将 Veracity（真实）当作第四个 V。笔者曾经将 Value 当作第四个 V，但现在则认为 Veracity 似乎更能代表大数据的第四个基本特征。

### （一）Volume（数据规模巨大）

大数据给人印象最深的是数据规模巨大，以前也被称为海量，因此大数据的所有定义中必然会涉及大数据的数据规模，而且特别指出其数据规模巨大，这就是大数据的第一个基本特征：数据规模巨大。

从古埃及开始，人们就学会了丈量土地、记录财产，数据由此产生。古埃及、巴比伦、古希腊都用纸草、陶片作为数据记录的工具，数据规模极其有限。古代中国也很早就有丈量土地和记录财富的历史，先是用陶片、竹片、绢布等做记录工具，后来有了纸张、印刷术等，各种数据更容易被记录，于是就有了"学富五车"的知识人，以及"汗牛充栋"的图书收藏机构。不过古人引以为豪的事情如今看来只是"小儿科"。如今大数据的规模究竟有多大呢？虽然没有一个确切的统计数字，但我们可以举例描述其规模。现在一天内在 Twitter 上发表的微博就达到 2 亿条，7 个 TB 的容量，50 亿个单词量，相当于《纽约时报》出版 60 年的单词量。阿里巴巴通过其交易平台积累了巨大的数据，截至 2014 年 3 月，阿里已经处理的数据就达到 100PB，等于 104 857 600 个 GB 的数据量，相当于 4 万个西雅图中央图书馆，580 亿本藏书的数据。腾讯 QQ 目前拥有 8 亿用户，4 亿移动用户，在数据仓库存储的单机群数量已达到 4 400 台，总存储数据量经压缩处理以后在 100PB 左右，并且这一数据还在以日新增 200TB 到 300TB，月增加 10% 的数据量增长，腾讯的数据平台部门正在为 1 000 个 PB 做准备。

随着大数据时代的来临，各种数据也呈爆炸性增长。从人均每月互联网流量的变化就可以窥见一斑。1998 年网民人均月流量才 1 MB，到 2000 年达到 10MB，到 2008 年平均一个网民是 1 000MB，到 2014 年是 10 000MB。在芯片发展方面，有一个著名的摩尔定律，说的是每 18 个月，芯片体积要减小一半，价格降一半，而其性能却要翻一倍。在数据的增长速度上，有人也引用摩尔定律，认为大概 18 个月或 2 年，世界的数据量就要翻一番。2000 年，全世界的数据存储总量大约 800 000PB，而预计到 2020 年，世界的数据存储量将达到 35ZB。以前曾有人提出知识爆炸论而备受争议，而如今的数据暴增已是摆在我们面前的现实。

## （二）Variety（数据类型多样）

大数据并不仅仅表现在数据量的暴增及数据总规模的庞大无比，最为关键的是，在大数据时代，数据的性质发生了重大变化。在小数据时代，数据的含义和范围是狭义的。所谓数据，其原意是指"数 + 据"，由表示大小、多少的数字，加上表示事物性质的属性，即所谓的计量单位。狭义的数据指的是用某种测量工具对某事物进行测量的结果，而且一定是以数字和测量单位联合表征。但在大数据时代，数据的含义和属性发生了重大变化，数据的范围几乎无所不包，除了传统的"数 + 据"之外，似乎还能被 0 和 1 符号表述，能被计算机处理的都被称为数据。也可以说，大数据时代就是信息时代的延续与深入，是信息时代的新阶段。在大数据时代，数据与信息基本上是同义词，任何信息都可以用数据表述，任何数据都是信息。这样使得数据的范围得到了巨大的扩展，即从狭义的数字扩展到广义的信息。

传统的数据属于具有结构的关系型数据，也就是说数据与数据之间具有某种相关关系，数据之间形成某种结构，因此被称为结构型数据。例如，我们的身份证都是按照 19 位的结构模式进行采集和填写数据，手机号码都是 11 位的数据结构。而人口普查、工业普查或社会调查等数据采集都是事先设计好固定项目的调查表格，按照固定结构填写，否则因无法做出数据处理而被归入无效数据。在大数据时代，除了这种具有预定结构的关系数据之外，更多的是属于半结构和无结构数据。所谓半结构就是有些数据有固定结构，有些数据没有固定结构，而无结构数据则没有任何的固定结构。结构数据是有限的，而半结构和无结构数据却几乎是无限的。例如，文档资料、网络日志、音频、视频、图片、地理位置、社交网络数据、网络搜索点击记录、各种购物记录等等，一切信息都被纳入数据的范围而带来了大数据的数据类型多样的特征，也因此带来了所谓的海量数据规模。

### （三）Velocity（数据快捷高效）

大数据的第三个特征是数据的快捷性，指的是数据采集、存储、处理和传输速度快、时效高。小数据时代的数据主要是依靠人工采集而来，例如天文观测数据、科学实验数据、抽样调查数据以及日常测量数据等。这些数据因为依靠人工测量，所以测量速度、频次和数据量都受到一定的限制。此外，这些数据的处理往往也是费钱费力的事情，比如人口普查数据，因为涉及面广，数据量大，每个国家往往只能10年做一次人口普查，而且每次人口普查数据要经过诸多部门和人员多年的统计、处理才能得到所需的数据。然而等到人口普查数据公布之时，人口情况早已发生了巨大的变化。

在大数据时代，数据的采集、存储、处理和传输等各个环节都实现了智能化、网络化。由于智能芯片的广泛应用，数据的采集实现了完全智能化和自动化，数据的来源从人工采集走向了自动生成。例如上网自动产生的各种浏览记录，社交软件产生的各种聊天、视频等记录，摄像头自动记录的各种影像，商品交易平台产生的交易记录，天文望远镜的自动观测记录等等。由于数据采集设备的智能化和自动化，自然界和人类社会的各种现象、思想和行为都被全程记录下来，因此形成了所谓的"全数据模式"，这也是大数据形成的重要原因。此外，数据的存储实现了云存储，数据的处理实现了云计算，数据的传输实现了网络化。因此，所有数据都从原来的静态数据变为动态数据，从离线数据变为在线数据，通过快速的数据采集、传输和计算，使得系统可以做出快速反馈和及时响应，从而达到即时性。

### （四）Veracity（数据客观真实）

大数据的第四个特征是数据的真实性。数据是事物及其状态的记录，但这种记录也因是否真实记录事物及其状态而产生了数据真实性问题。由于小数据时代的数据都是人工观察、实验或调查而来的数据，人的主观性难免被渗透到数据之中，这就是科学哲学中著名的"观察渗透理论"。我们在观察、实验或问卷调查的时候，首先就要设置我们采集数据的目的，然后根据目的设计我们的观察、实验手段，或者设计我们的问卷以及选择调查的对象，这些环节中都强烈渗透着我们的主观意志。也就是说，小数据时代，我们先有目的，后有数据。因此，这些数据难免被数据采集者污染，很难保持其客观真实性。

但在大数据时代，除了人是智能设备的设计和制造者之外，我们人类并没有全程参与到数据的采集过程中，所有的数据都是由智能终端自动采集、记录下来的。这些数据在采集、记录之时，我们并不知道这些数据能用于什么目的，采集、记录数据只是智能终端的一种基本功能，是顺便采集、记录下来的，并没有什么目的。有时候甚至认为这些数据属于数据垃圾或数据尘埃，先记录下来，究竟有什么用，以后再说。也就是说，在大数据时代，我们是先有数据，后有目的。这样，由于数据采集、记录过程中没有了数据采集者的主观意图，这些数据就没有被主体污染，也就是说，大数据中的原始数据并没有渗透理论，因此确保了其客观真实性，真实反映了事物及其状态、行为。

# 二、大数据的采集方法

## （一）系统日志采集方法

对于系统日志采集，很多互联网企业都有自己的海量数据采集工具，如 Hadoop 的 Chukwa，Cloudera 的 Flume，Facebook 的 Scribe 等，它们均采用分布式架构，能满足每秒数百 MB 的日志数据采集和传输需求。

## （二）网络数据采集方法：对非结构化数据的采集

网络数据采集可以将非结构化数据从网页中抽取出来，将其存储为统一的本地数据文件，并以结构化的方式存储。可以通过网络爬虫或网站公开 API 等方式从网站上获取数据信息，它支持图片、音频、视频等文件或附件的采集，附件与正文可以自动关联。对于网络流量的采集可以使用 DPI 或 DFI 等带宽管理技术进行处理。

## （三）其他数据采集方法

对于企业生产经营数据或学科研究数据等保密性要求较高的数据，可以通过与企业或研究机构合作，使用特定系统接口等相关方式采集数据。

# 三、大数据存储（导入）和管理

## （一）并行数据库

并行数据库系统大部分采用了关系数据模型并且支持 SQL 语句查询，能够在无共享的体系结构中进行数据操作的数据库系统。

## （二）NoSQL 数据管理系统

NoSQL 指的是"Not Only SQL"，即对关系型 SQL 数据系统的补充。NoSQL 最普遍的解释是"非关系型的"，强调键值存储和文档数据库的优点，而不是单纯地反对关系型数据库。通过它采用简单数据模型、元数据和应用数据的分离、弱一致性技术，使 NoSQL 能够很好地应对海量数据的挑战。

## （三）云存储与云计算

在云计算概念上延伸和发展出来的云存储，是一种新兴的网络存储技术，将网络中大量各种不同类型的存储设备通过应用软件集合起来协同工作，共同对外提供数据存储和业务访问功能的一个系统。云存储是一个以数据存储和管理为核心的云计算系统。

### （四）实时流处理

所谓实时系统，是指能在严格的时间限制内响应请求的系统。流式处理就是指源源不断的数据流过系统时，系统能够不停地连续计算。所以，流式处理没有严格的时间限制，数据从进入系统到出来结果可能是需要一段时间。然而，流式处理唯一的限制是系统长期来看的输出速率应当快于或至少等于输入速率，否则，数据会在系统中越积越多。

## 四、大数据的分析

数据分析主要利用分布式数据库，或者分布式计算集群来对存储于其内的海量数据进行普通的分析和分类汇总等，以满足大多数常见的分析需求。统计与分析这部分的主要特点和挑战是分析涉及的数据量大，其对系统资源，特别是 I/O 会有极大的占用。如果是一些实时性需求会用到 EMC 的 GreenPlum、Oracle 的 Exadata，以及基 MySQL 的列式存储 Infobright 等，而一些批处理，或者基于半结构化数据的需求可以使用 Hadoop。

## 五、大数据的挖掘与展示

大数据技术不在于掌握庞大的数据信息，而是将这些含有意义的数据进行专业化处理，将海量的信息数据在经过分布式数据挖掘处理后将结果可视化。数据可视化主要是借助于图形化手段，清晰有效地传达与沟通信息。依据数据及其内在模式和关系，利用计算机生成的图像来获得深入认识和知识，这样就对数据可视化软件提出了更高的要求。数据可视化应用软件的开发迫在眉睫，数据可视化软件的开发既要保证实现其功能用途，同时又要兼顾美学形式。例如，标签云、聚类图、空间信息流、热图等。

大数据成为推动经济转型发展的新动力。以数据流引领技术流、物质流、资金流、人才流，将深刻影响社会分工协作的组织模式，从而进一步促进生产组织方式的集约和创新。大数据成为重塑国家竞争优势的新机遇。在全球信息化快速发展的大背景下，大数据已成为国家重要的基础性战略资源，正引领新一轮科技创新。大数据还成为提升政府治理能力的新途径。大数据应用能够揭示传统技术方式难以展现的关联关系，推动政府数据开放共享，促进社会事业数据融合和资源整合，极大提升政府整体数据分析能力，为有效处理复杂社会问题提供新的手段。

# 第五节　大数据产业协同创新动因

自 2015 年国家出台《促进大数据发展行动纲要》至今，我国涉及大数据发展的国家政策已多达 63 项，参与发布政策的部门包括国务院、发改委、环保部、交通运输部和工信部等。2014 年以来，大数据已连续六年被写进政府工作报告，更在"十三五"规划纲要中被提升为国家战略。习近平总书记在党的十九大报告中明确指出，要推动互联网、大数据、人工智能和实体经济深度融合。这不仅为破局"数据孤岛"提供了思路，也为大数据产业的发展指明了方向。2016 年，由国家信息中心、中国科学院计算技术研究所、浙江大学软件学院、清华大学公共管理学院、财经网等 60 余家单位共同发起成立了"中国大数据产业应用协同创新联盟"；2017 年，教育部规划建设发展中心、曙光信息产业股份有限公司和国内数十所高校共同发布了大数据行业应用协同创新规划方案。由此可见，政府、科研院所、高校及企业均高度重视大数据产业的发展。

## 一、国内外研究现状

早在 1980 年，美国著名学者阿尔文托夫勒就在《第三次浪潮》一书中提出大数据的概念，随后，关于大数据的研究热潮席卷全球。Suthaharan 讨论了利用几何学习技术与现代大数据网络技术处理大数据分类的问题和挑战，并重点讨论了监督学习技术、表示学习技术与机器终身学习相结合的问题。Gandomi 等结合从业者和学者的定义，对大数据进行了综合描述，并强调需要开发适当、高效的分析方法，对大量非结构化文本、音频和视频格式的异构数据进行分析与利用。韩国学者 Kwon 等在相关研究中提到了大数据产业并构建了大数据产业发展的政策体系。

国内对大数据的研究虽然起步较晚，但与经济发展的联系更为紧密。邱晓燕等基于产业创新链视角，围绕产业链、技术链与价值链，对大数据产业技术创新力进行了分析，并通过比较案例分析法发现，在大数据产业链方面，我国与发达国家相比存在较大差距，提出从技术创新链、市场机制和评价体系三方面提升我国大数据产业创新力。周曙东通过编制大数据产业投入产出表，并利用 2017 年全国投入产出调查数据，测度了大数据产业对经济的贡献度，为制定大数据产业发展战略提供了重要参考。刘情分析了大数据产业的政策演进及区域科技创新的相关要素，从驱动、集聚等角度分析了大数据产业促进科技创新的作用机制，并实证分析了大数据产业推动区域科技创新的路径。沈俊鑫等利用贵州省大数据产业发展数据，分别运用 BP 神经网络模型和熵权—BP 评价模型对其发展能力进行评价，研究结果表明，后者的评价更为精确。周瑛等从宏观、中观和微观三个方面对影响大数据产业发展的因素进行理论分析，并运用德尔菲法和层次分析法实证分析影响大数据产业发展的主要因素，结果表明，影响大数据产业发展的因素由大到小依次为宏观因素、中观因素和微观因素。胡振亚等指出，大数据是创新的前沿，并从知识、决策、主体和管理四个方面阐释了大数据对创新机制的改变。王永国从顶层设计、人才队伍等角度分析了大数据产业协同创新如何推动军民融合深度发展。吴英慧对美国大数据产业协同创新的主要措施和特点进行深入剖析，以期为我国大数据战略的实施提供决策参考。

综上所述，国内外学者对大数据及大数据产业的研究已经取得了较为丰硕的成果，但学界对"大数据产业"尚未形成统一的界定，且鲜有文献对大数据产业协同创新发展进行深入系统的研究。因此，本节结合我国大数据产业发展的实际情况，探讨大数据产业协同创新的动因，并提出大数据产业协同创新推进策略，以期为我国大数据产业的发展提供参考。

# 二、大数据产业协同创新及其动因分析

## （一）大数据产业协同创新

### 1. 大数据产业协同创新的概念

大数据产业协同创新是指政府部门、科研院所、高等院校、企业等多主体共同参与，以互联网、物联网、大数据应用为导向，充分发挥各单位资源优势，因势利导，最终通过挖掘大数据价值来促使大数据产业成为经济增长的重要支撑。大数据产业协同创新响应了国家"大众创业、万众创新"的号召，多元利益主体在良好的政策环境下共同提升大数据产业整体的理论研究和应用水平，进而形成健康的大数据产业发展生态。

在"互联网+"背景下，大数据产业的协同发展模式呈现多样化，主要体现在战略协同、产业协同和技术协同三个方面。战略协同主要是根据大数据产业的特殊性，在"中国制造2025"战略背景下，通过工业化和信息化的融合发展有效促进大数据产业协同创新发展，两化的融合发展激发了制造业的创新活力，促进了大数据产业与制造业的协同创新。大数据产业的发展将促进制造业向高端化迈进，制造业又将反过来促进大数据产业的持续创新发展。产业协同主要是指在两化融合的基础上，抓住智能制造发展的契机，以工业大数据的深度分析为智能制造提供技术支持。工业互联网驱动工业智能化，大数据产业中的云服务、物联网等将推动智能制造业的创新发展。技术协同主要是指人工智能技术与大数据技术的相互渗透，通过利用已有人工智能技术来促进大数据产业的创新发展以及实现产品的智能化。从发展的角度可以看出，大数据产业协同创新生态体系的发展是不断升级的，当前创新模式由线性向生态化发展。

### 2. 大数据产业协同创新运行机制

大数据产业协同创新的核心运行机制是资源共享机制。大数据产业利用协同创新平台整合相关的知识、技术、人才等资源，从而产生集聚效应，促进创新活动的开展。通过产业链上游与下游的连接，高端化的创新资源可以得到充分共享与利用。通过大数据产业协同创新，将不同参与者的运营情况信息进行整合、分析与处理，并将处理后的信息反馈给各参与主体，有助于为各参与者的进一步发展提供决策参考。通过完善价值链，从而实现参与主体的价值升级，并借助互联网平台实现人与信息的交互，有助于持续推动大数据产业的协同创新发展。

## （二）大数据产业协同创新动因分析

大数据产业协同创新特征。大数据产业主要以互联网为载体，产业链的上下游贯穿着消费主体对数据的利用。因此，大数据产业协同创新的特征表现为协同领域广和协同模式多样化。协同领域广主要体现在以下几个方面：在产业领域，大数据产业协同创新有助于降低各产业的成本，促进价值增值，促进科学决策；在教育领域，大数据产业协同创新实现了教育决策的科学化和民主化；在军民融合领域，大数据产业协同创新推动了军民融合产业的深度发展；在城市治理领域，人们利用大数据技术采取数据规训的方式成功实现了城市的秩序规训。协同模式多样化主要体现在三个方面。第一，战略目标协同。大数据产业协同创新必然将多个产业的发展战略目标进行有效整合，在双方达成共识后，相互合作，利益共享。第二，产业梯度与差异化协同。大数据产业在协同创新发展过程中的梯度化和差异化能够有效促进大数据产业协同创新的高质量发展。第三，法治保障协同。大数据产业的特点在于数据的无形性，因此，对知识产权的保护尤为重要，并且其有利于促进各主体的良性竞争。

大数据时代，我国传统的经济发展模式已不能驱动经济更高质量发展，国民经济转型升级迫在眉睫。在此背景下，大数据产业协同创新与新旧动能转换、产业转型升级等要求高度契合，是去产能、去库存的重要技术手段，是促进经济增长的新动力。信息技术的发展催生了包括大数据在内的人工智能、云计算等高新技术，持续更新升级的信息技术将为这些前沿技术的融合编织稳固的纽带。在此基础上，这些前沿技术的协同创新将具有实现超级规模数据库的建立、超快速的数据分析、超高精度的数据处理等强大性能。将这些技术应用到国民经济的各个领域中，有助于推动这些领域的创新，从而为国民经济的发展注入新动力。

大数据产业协同创新是提升政府治理能力的新途径。大数据产业协同创新将从加强政府公共服务职能、提高政府政务服务能力、完善政府信息公开制度、加强政务监管四个方面提升政府治理能力。

首先，大数据产业协同创新有助于加强政府的公共服务职能，推进服务型政府的建立。交通、基础设施等领域是民众使用高频、需求迫切的公共服务领域。在大数据产业协同创新过程中，政府有关部门可以利用大数据技术挖掘国民对公共服务的精细化需求，做到为政府高效履行职能提供决策依据。

其次，大数据产业协同创新有助于提高政府的政务服务能力，推进智慧型政府的建立。

大数据技术是一种新兴前沿技术，政府有关部门已开始利用大数据技术将数据的规模计算、分析、处理应用于日常管理工作。大数据技术的利用有助于政府梳理海量数据，挖掘数据价值；有助于政府开通电子政务平台，实施电子政务操作，从而推动形成政府治理现代化体系。

再次，大数据产业协同创新有助于完善政府信息公开制度，推动开放型政府的建立。应利用大数据技术对政府工作领域内的微型数据、小型数据、大型数据进行综合分析、处理，从中挖掘出与城乡居民联系密切的有价值的数据并在政务信息中公开，以促进政府数据的开放共享。

最后，大数据产业协同创新有助于加强政务监管，推进阳光型政府的建立。大数据产业协同创新将有效汇集政府工作各个环节的数据，进而通过大数据技术的分析功能，识别并锁定权力运行的合理范围，对权力进行有效监督，促使权力在阳光下运行。

大数据产业协同创新是实施创新驱动发展战略的现实需求。大数据产业协同创新将渗透到各个行业，带动各个行业的创新，进而驱动整个国民经济的发展。随着大数据在工业、金融业、健康医疗业等产业的应用不断深化，产业的发展方式将逐渐转变，产业发展也将不断获得新的动力。在工业方面，2018年6月工信部印发《工业互联网发展行动计划（2018—2020年）》，明确提出推动百万工业企业上云，而此计划只有通过工业与大数据产业协同创新才能实现。这种新型的工业发展方式是工业转型发展的有益实践，将有助于提升国民经济现代化的速度、规模和水平。在金融业方面，由大数据处理带来的量化交易等智能投顾将为金融业开辟新的蓝海市场。这种智能投顾方式不仅能弥补传统金融交易的某些不足，还能减少交易成本。在健康医疗产业方面，大数据产业的协同创新将有助于推动"互联网＋健康医疗"数据库的建立，能够满足患者个性化的需求，开启多元医疗应用市场，发挥健康医疗等新兴产业拉动经济增长的引擎作用。此外，大数据产业协同创新也将减少市场中交易主体信息不对称问题。无论在哪种市场，都可以依据某一现实应用需求采集数据建立相应的数据库。大数据技术将帮助企业、个人从海量的数据库中挖掘出所需信息，帮助企业、个人进行交易决策，减少信息不对称问题的发生。

## 三、大数据产业协同创新推进策略

近年来，我国大数据产业协同创新获得了快速发展，但也存在一些问题。首先，虽然协同创新的规模大，但质量较低。低端的大数据产业协同创新难以形成规模效应，开发成本较高。其次，虽然大数据产业协同创新模式多样，但缺乏有效模式的创新。很多大数据产业协同创新模式不可复制、不可推广。最后，大数据产业与传统产业之间难以实现有效融合。产业结构的不合理给大数据产业协同创新带来了严重阻碍。基于以上问题，本节提出以下对策建议。

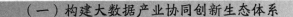

### （一）构建大数据产业协同创新生态体系

随着经济的快速发展和科学技术的不断更迭，大数据产业在我国发展迅速。信息通信技术的快速发展为大数据产业的发展提供了技术支持，国家大数据战略和各级政府相关政策部署加快了大数据产业的发展进程。在诸多利好因素的影响下，我国大数据产业蓬勃发展，市场潜力逐步显现。从区域发展来看，我国大数据产业区域发展差异较为明显，东部发展迅速，西部次之，中部再次之，东北部排在最后，但各地区大数据产业规模都呈增长之势。我国具有代表性的大数据产业集聚区主要有京津冀地区、珠三角地区、长三角地区和大西南地区。其中，大数据产业最集聚的地区是京津冀地区，其辐射范围也在逐渐扩大；利用信息产业和计算中心的优势，珠三角地区不断加强大数据产业的集聚发展；长三角地区则积极推动大数据应用于公共服务领域；大西南地区利用政策优势，积极培育、引入大数据产业以带动区域经济发展。我国大数据产业市场规模在 2018 年达到 437.8 亿元，是 2012 年市场规模的近 13 倍，预计到 2020 年我国大数据市场产值将突破 10 000 亿元，使得大数据成为我国新的经济增长点。

### （二）积极探索大数据产业协同创新模式

既具特色又可以复制推广的大数据产业协同创新模式可以为大数据产业的可持续发展提供动力。大数据产业作为新兴战略产业，其发展打破了传统产业发展的模式，通过注入"互联网＋"的活力，与其他产业协同发展，构建出以企业为核心的大数据产业协同创新模式。有关部门应借助互联网中的云服务，引导其他产业与大数据产业协同发展，运用互联网技术优化整合两者之间的组织关系和发展关系。要结合市场化、信息化原则，推动大数据产业链向高端发展，使产业协同发展的效率不断提高。通过成立区域"协同创新战略联盟"，建立合作团队，共同规划本区域大数据产业协同创新发展模式。以战略联盟为纽带，形成分支智库，从技术、管理、运营等多方面探讨协同创新模式的构建，并通过不断尝试，形成较为成熟的协同创新模式。

### （三）推动大数据产业科技资源信息共建共享

从现有情况来看，科技资源共享主要存在有偿共享和不共享两种情况，只有一小部分是无偿的和共享的，而且共享方式比较单一。虽然有关部门搭建了很多网络平台，但其仅仅提供某些资源的信息简介，并不展现具体的资源内容。因此，有必要搭建大数据产业协同创新发展科技资源信息共享平台，将不同部门收集到的信息资源进行共享。政府各部门应对资源进行有效协调，保证信息沟通顺畅，解决好多种来源信息的管理问题；定期对资源保存单位开展监督和评价工作，为科技资源信息的共享保驾护航；处理好政府与科研单位之间的信息管理关系，因为很多科技资源信息都是由科研单位提供的，政府要求资源信息共享，难免会受科研单位的限制。因此，政府应设立专门的岗位，安排专人从事资源的共享共建工作；参与共享共建的单位应积极履行共享协议，对共享资源的利用情况及时给予反馈。

## （四）促进大数据产业结构不断优化升级

大数据产业结构的优化升级主要涉及大数据对于政府、企业和个人的应用价值的提升。首先要挖掘大数据在企业商业方面的价值，这是实现企业资源优化配置的关键所在。企业是大数据产业协同创新的重要载体。因此，要利用大数据技术深度挖掘企业在发展大数据产业方面的客观条件，择优选择出优质企业来推动大数据产业的协同创新发展。大数据产业在积极挖掘商业价值的同时，也要兼顾政府和个人方面的价值，使整体发挥出的经济效益最大化。大数据分析结果可以为政府决策提供参考，有助于改善民生，因此政府不仅是大数据的主要支配者，也是大数据产业协同创新发展的主要评价者。在工业化和信息化深入融合的背景下，大数据在促进企业特别是工业企业信息化水平的提升方面能够起到至关重要的作用，而工业企业信息化水平的提升能促进相关产业链的延伸并推动产业链向高端发展。为保证大数据产业协同创新的顺利进行，政府必须做好统筹规划、协调、组织等工作。为保证市场在资源配置中起决定性作用，也要充分发挥市场的作用。此外，在"互联网＋"和智能制造背景下，需要重视"未来型"大数据的建设。所谓"未来型"大数据建设，就是在网民不断增加的背景下，大数据在未来可以持续产生，不断积累，并被运用到社会生活的各个领域，进而为大数据产业协同创新发展打下坚实的基础。

# 第二章　大数据的价值

## 第一节　大数据促进传统媒体转型

大数据是指所涉及的信息规模庞大、涉及的方面众多，并且在人们调动信息时能做到及时地获取，具有大量、高速、多样以及真实的特点，在当今社会为人们的生活、生产以及企业的管理等各个方面都提供着便利。而传统媒体在当代的发展受到大数据的影响，变得举步维艰，这是因为其传播速度、广度、种类难以跟大数据相比，于是造成了传统媒体发展的困境。因此，传统媒体如何应对大数据时代的机遇与挑战，成为传统媒体转型的关键。

早在 2013 年，随着数据的发展，Youtube 公司平均每秒就会有长度在一小时以上的视频上传，谷歌公司每天都需处理超过 24 拍字节的数据，相当于美国国家图书馆所有纸质书籍总和的上千倍，可见当时数据社会的发展程度。因此 2013 年，被国外媒体称为"大数据元年"。而随着大数据的持续发展，到 2016 年，人们每天在多媒体上所进行的互动也成倍地上涨，大数据已成为人们生活中不可或缺的一部分。

所谓大数据，并没有确切的定义，其大致可以理解为，拥有超出常规数据库的数据，并且拥有对数据的获取、存储以及分析能力的数据集。由此可见大数据相对于常规数据库所占的优势，以及它数据的庞大与丰富。信息时代的来临，使得数据渗透到各行各业，成为行业发展、人类生活必不可少的因素。

大数据存在自身独有的特征，其以海量的数据规模，流动、更新速度快，数据种类多样，真实可信而著称。

互联网通过将各个计算机联系起来，人们在互联网上的交流和信息的互动，成为互联网获取信息的有效途径。互联网通过这样的信息获取，收集了大量受众的相关信息，为各行各业提供了消费者的相关信息，受到各行各业的喜爱。社交网络、物联网以及云计算的信息基础设施的完善，都为大数据的发展提供着坚实的后盾。

## 一、传统媒体的现状分析

### （一）传统媒体的特点

其特点有：①传统媒介的传播符号单一，难以满足人们的需求。广播只能传播声音，报纸杂志只能传播文字和图片。②传统传媒传播的时效性和便捷性较差，电视只能在规定的时段传播信息，难以做到便捷性，而报纸、杂志的传播时效性、便捷性也较差。③传统媒体的传播，从传播的方向来看，只是传播媒体对受众的信息传播，得不到受众的信息反馈。④传统媒体的信息传播，传播者作为传播的主体，受众只能被动地接受信息，难以满足受众自主择取的需求。

## （二）传统媒体的弱势

大数据的发展为人们的生活、生产带来了诸多便利。例如，在北京，微软通过研究分析车轨的分布解说城市交通状况；在青海，青海湖国家级自然保护区则早已成立科研基地，依托互联网对青海自然保护区进行生物生态的观测与分析，发现其动植物、土壤、水质、气候等整体自然环境的生态运行规律，并有针对性地实施保护措施。这些从一点出发窥探全局的技术，是传统媒体难以做到的。究其原因如下：①传统媒体所掌握的信息较为狭窄。②传统媒体对于数据的分析能力欠缺，不能对大量的数据进行分析、解决。③传统媒体不具备分析大数据的基础设施及相关人才。

## （三）传统媒体的优势

在新媒体的冲击下，传统媒体也在做出自身的调整与完善，以适应时代的发展。例如，湖南卫视、东方卫视、浙江卫视等，他们都得到了进一步的发展。在大数据的冲击下，仍旧拥有着大批的受众，证明传统媒体也拥有自身的优势。首先，传统媒体中的媒体工作者工作经验丰富，对于信息的加工处理有着自身独特的处理手法，并且积攒的数据库相当丰富，这些在与新媒体进行内容的比拼中占据着自身的优势；其次，传统媒体有着一定的固定受众，多年的发展形成了自身的品牌，利用品牌的价值取得了众多受众的信任与依赖。

# 三、大数据背景下传统媒体面临的挑战

## （一）传统数据本身面临的挑战

大数据的一大特征是大数据资源的充沛，然而它的数据大多来自于多种社会个人和社会群体互动时所产生的信息数据，因此也具有一定的局限性。然而，对于传统媒体而言，对于信息的挖掘、分析、应用难以做到符合现代人的需求。因此传统媒体想要适应时代的需求，需要解决以下挑战：能不能构建有效的大数据平台，对大数据进行行之有效的分析，以及挖掘与应用。

传统媒体在现代发展中难以适应的重要原因就在于缺乏对数据进行有效加工的能力。在大数据时代，数据处理技术以及服务器集群在信息的处理过程中占据着重要的地位，使得数据的掌控权逐渐脱离了传播媒体的控制，在这种发展趋势下，技术对于传统媒体的制约越趋明显。

我国对于大数据的发展还不完善，也会有一些缺陷与瑕疵。社会中对于新闻事件的研究工具难以适应发展，探究、分析媒体的运营情况也不容乐观，在跨领域跨行业的数据分享与整合中还存在很多的阻碍与壁垒。然而跨领域跨行业的数据整合在形成新知识、新理论中具有重要地位，这就形成了当今大数据背景下传统媒体面临的巨大挑战。

## （二）新闻工作者所面临的挑战

随着大数据时代的到来，传统新闻工作者也面临着巨大的挑战，他们需要依据时代的要求做出新的知识补充和能力的挖掘，以符合时代的需求。现在传统媒体工作者所面临的挑战主要有：①如何从大量的数据中找出有价值的新闻数据。传统媒体中的新闻工作者，要充分分析、利用大数据资源，养成一双善于发现的眼睛，从众多的信息中发现隐藏新闻价值的信息，从而进行有效的信息加工与整合，发掘有价值的新闻。②如何将数据运用得更加生动。数据的呈现是较为枯燥、抽象和难以理解的，新闻工作者要善于将枯燥的数据以具有趣味的、可观的方式展示，从而提高受众的观看率。善于用数据讲故事，用文本解释数据，使数据转变为大众乐于接受的展现模式，以全新的富有新意的方式传递新闻信息。③如何保证信息的真实性和准确性。新闻工作者不仅要善于发现、发掘有效信息，还要具有敏锐的数字感知能力，善于从获取的信息中辨别信息的可靠性和准确性，判断数据是否科学，对于所要传播的信息是否具有对比价值等。新闻工作者还要对各种数据的运用方法进行有效的把握，从而能更好地处理各类数据。

# 四、充分利用大数据，促进传统传媒的转型

## （一）树立利用大数据、促进传统传媒转型的理念

在大数据时代，传统媒体要学会以大数据的视野和观念进行发展，以适应时代的需求，促进新理念、新平台的产生，为传统媒体的发展建立新的起点。在过去的几十年里，传统媒体对于大数据的发展存在偏见和误区：一是对大数据存在偏见，漠不关心，失去了发展的先机；二是有所认识，但没有采取措施，导致地位受到影响和蚕食；三是有一定认识但是较为盲目，没有采取切实可行的策略。传统媒体应该理性面对大数据的发展，看到彼此间差距，寻找自身的特色，从而做好准备，形成可行性策略，通过合理借助大数据进行新的发展。

## （二）建立与数据化运作相适应的管理机制，提升对数据的运用

要想真正以大数据为支点，进行传统媒体的转型，就需要建立与之相适应的管理机制。首先是组织架构的改革。传统媒体要针对大数据的高速发展，借鉴其管理机制，转变技术

与经营管理相分离的格局，成立专门的机构并建立相关的规章制度，从而促进传统媒体的发展。其次，注重技术因素在生产过程中的作用。传统媒体一直注重内容因素，忽视技术的作用，而大媒体则更重视技术在生产中的合理运用。因此，传统媒体要正视技术因素，合理设计流程以及控制成本。再次，传统媒体要注重对内部人员的培训与训练，发掘与时代相适应的人才。最后，还应加强各个流程人员的联系与合作，使其形成团队意识，加强配合。

此外，传统媒体作为传媒中的元老，要带头呼吁社会数据的公开化，丰富社会数据。我国数据的公开程度远远低于欧美，公共部门的数据资料还处于起步阶段，众多的人员还有众多顾虑。因此，传统媒体要肩负起开放数据的重担，使中国的大数据愈加丰富，为传媒的发展提供更多的可能。

总之，传统媒体在大数据下的转型，首先要对大数据有充分的认识，之后明确自身与大数据之间的差异，寻找到自身所具有的优势，并接受大数据时代的挑战，借助大数据发展自身的特色。

# 第二节　大数据促进教育变革

传统教育中一支粉笔、一块黑板的模式已经过去，现代教育技术也已不再时髦，当教师成为播放器的放映员时，学生喊出了："打倒 PPT"的口号，教育信息化似乎走到了近头。大数据时代的悄然到来，给技术进步和教育发展带来全新的方向，带动了信息技术的又一次变革。因此大数据资源将成为重要的教育资源，大数据决策将成为教育中一种新的决策方式，大数据应用将促进教育改革。

大数据（Big Data）的突然蹿红，给技术进步和社会发展带来全新的方向，带动了信息技术的又一次变革，大数据资源将成为重要的教育资源，大数据决策将成为教育中一种新的决策方式，大数据应用将促进教育改革。

## 一、教育的大数据

大数据（big data），或称巨量资料，指的是所涉及的资料量规模巨大到无法透过目前主流软件工具，在合理时间内达到撷取、管理、处理，并整理成为帮助企业经营决策更积极目的的资讯。大数据（big data）的基本特征可以用 4 个 V 来总结，即大容量（Volume）、多类型（Variety）、高价值（Value）、快速度（Velocity）。大数据与以往的海量数据是有区别的，大数据 = 海量数据 + 复杂类型的数据，大数据的规模到底有多大？互联网数据中心（DCCI）2013 年 7 月给出的数据：每 1 秒有 60 张美妙照片被上传；每 1 分钟，有 60 小时视频被传到世界上最大的视频网站 Youtube 上；每 1 天，搜索引擎产生的日志数量是 35T，过去 3 年产生数据量比以往 4 万年的数据量还要多。大数据的复杂程度超出了常用技术按照合理的成本和时限捕捉、管理及处理这些数据集的能力。"大数据"是继云计算、物联网之后 IT 产业又一次颠覆性的技术变革，其实大数据之大并不在于其表面的"大容量"，而在于其复杂，即潜在的"多类型"、"高价值"和"快速度"。大数据和云计算使人类收集、存储、分析、使用数据的能力出现了巨大的跨越，因此教育领域将要发生的这场变革，其深厚的技术背景就是大数据和云计算。

大数据将成为观察人类自身社会行为的"显微镜"，学生上课、读书、写笔记、做作业、进行实验、讨论问题、参加活动等都是教育大数据的一个来源。教师授课、备课、答疑、批改作业，诸如此类在学校里发生的事情，都将转化为大数据存储到数据库中。

## ▎二、大数据时代的教学评测

要迅速提高教学质量，教学质量检测是必要的。检测是教学的指挥棒，通过检测可以发现教师在教学中存在的不足，通过检测可以发现学生在学习中知识掌握的情况，能力提高的情况，以利于下一步教学工作的调整。教学检测后，关键是对检测结果的运用，要对试卷及成绩进行分析，要对教师的教学效果进行评价，以保证教学质量目标的实现。下面我们分别从数字、数据、大数据存储，来看一看考核分析情况。

目前的大学信息系统要存储每位学生的信息：包括学生个人资料 / 家庭资料，学生所在学院 / 系及专业 / 班级信息，授课教师信息，各门课程的考试成绩 / 学分，教师 / 图书馆 / 体育馆 / 实验室的使用记录，医疗信息与保险信息，参加的社团活动，评奖评优情况等。每位学生读完四年大学产生的可供分析的量化数据基本不会超过 10KB，这样的数据量，一台较高配络的普通电脑，初级的 EXCEL 或 SPSS 软件就能进行各学院、各专业、各年级的学生的统计分析工作。每到期末，任课教师都对所任课程的学生考核情况进行分析，可事实上我们做得怎么样？每当我们进行考核分析的时候，面对批量的学生考试情况总觉得无从下笔，我们看到的是一张张的试卷，那么它带给我们的信息是什么呢？有的教师只看到了简简单单的分数集合，看到校园网上汇总的最高分、最低分、平均分、及格率、标准差这些孤立的数据，事实上有的教师看到的不是数据而是数字，做出的考核分析只能是杜撰的空话。有的教师拥有足够的教育测量技术，可以从中得到许多充满想象力的数据，他能从每位学生每一大题的得分、每一小题的得分，从每个知识点学生的答题情况，汇总出学生综合答题情况，结合校园网上汇总成绩、学生平时表现、平时授课情况，给出相应客观的评价。教师尽管充分运用了学生考试数据和平时的经验和印象，但由于现在学生多、教师少、授课任务重，对学生的客观认识不足，使得考核分析也难免有偏颇。

大数据时代学校的信息系统除了存储以上的静态信息外，最主要的是存储即时的动态信息，存储教师的授课行为、学生的学习行为、学生的考试行为。大数据更有能力去关注每一位教师、每一个学生的微观表现，比如，大数据还记录了教师备课、授课、辅导、批改作业、命题等全过程。大数据记录了考试过程中，每位学生每一题给出了什么答案，用时多少，是否修改过答案，答题顺序有没有跳跃，什么时间点翻卷子，如何进行的检查，检查了哪些题目，等等。大数据记录了课外学习时什么时候翻开书，听课时在听到了什么后微笑点头、听到了哪儿又皱起眉头等课堂表现。大数据记录了做练习时在每个练习上逗留了多久，在不同学科课堂上师生互动过程，开小差的次数分别为多少，会向多少同班同学发起主动交流等等，这些数据对其他个体都没有意义，因此是高度个性化表现特征的体现。这种行为数据在大数据时代，只需要采用一定的观测技术与辅助设备就能做到。数据是自动留存的，并不影响任何人的日常学习、工作与生活，因此它的采集也非常的自然、真实。利用这些大数据，进行数据挖掘的关联分析和演变分析，可以从学生管理数据库中挖掘有价值的数据，分析学生的日常行为，信息系统可以自动获得各种行为活动之间的内在联系，并做出相应的对策，更易于后期的学习行为评价和评估，教师不再基于自己的教学经验来分析学生的学习中偏好，难点以及共同点等，只要通过分析整合学习的行为记录，就可以轻而易举得到学习过程中规律。大数据让学生学习水平评判标准变得更科学，对教师确定下一步工作重点具有指导意义。

我们再看一看对教师教学效果的评测。学校的教学质量直接影响到办学水平，而影响学校教学质量的主要因素是教师教学质量，对教师的教学进行评价，可以鉴别教师工作质量的优劣高低，各高校学生评教又是对教师教学质量评价的一个手段，可是教师最关心的学生评教结果如何呢？学生评教的效度和信度又如何呢？

当今高校的学生评教是教务信息系统中的评教表在某一时间段对学生开放，让学生对所任课的教师在网上填写这一评教表，较为流行的评教表包括教师的教学态度、教学目标、教学内容、教学方法、教学技能、教学效果各项大指标，各项大指标下又包含诸多小指标，学生则对这些指标进行一一打分，虽然评教表是教师在教学过程中的客观表现，但同一位教师在同一个教学班进行教学活动，评教的结果可是大相径庭。大多数学生会根据教师的实际情况，结合自己的主观认识进行评价，可还有部分学生则完全根据自己的喜好来评判即恶意评价，甚至让人代评即消极评价，学生评教的效度和信度是高校学生评教指标体系科学性的命脉，缺乏学生评教的准确性和科学性，将会误导教师的教学行为，挫伤教师的教学积极性。大数据时代的到来，教师、学生和课程的客观数据和行为数据都已经记录到了信息系统中，教学管理部门对教师教学水平检测不用依赖以往的阶段性评价，而是通过数据挖掘和聚焦分析从信息系统的大数据中直接获取，同时还能查探教师备课、授课、答疑、作业批改、试卷评判等教学过程和学生的评教行为，这样的评价结果是由大数据记录的客观数据和行为数据进行数据挖掘和聚集分析自动获取的，所以更加准确、更加科学。

大数据时代，能从技术层面对教学行为、学习行为进行量化与显现，经过大数据处理可将教育教学中学生在堂课中的需求和表现变成可视的，这也为教研活动提供了更为鲜活的素材，教师有了了解学生的途径与方法，可以从学生的需求出发，改善教学的教学行为，可以分析微观、个体的学生与课堂状况，用于调整教育行为与实现个性化教育。

## 三、大数据时代教育者应持的态度

学校的中心工作是教学，教育教学质量是学校的生命线，提高教学质量是教育的永恒主题。新一轮教育信息化的浪潮已随着这一硬件的高速革新和软件的高度智能，无法抗拒地推到了教育者面前。

教育的真正目标是自我实现、自我发现、自我认识，其重点不是人才的复制，而是教育者提供的支持与服务。新的教育发生的革命，并不是传统的课堂搬上在线，而是技术解放了人们原有的天分。对于教育者来说，这是一个大转变的时代，教学的各种力量在重新洗牌，大数据技术从外围，给教师增加了新的"竞争对手"，又导致了学生学习习惯等方面的变化，促进了教学过程的变更。人类可以通过大数据的交换、整合和分析，发现新知识，增长新智慧，创造新价值。因此，作为教育者必须改变以往的观念，重新洗脑，便于涅槃重生。

首先，"大数据资源"成为重要的教育资源。教育信息化首先是教学信息化，教学信息化的核心是教学资源的数字化，大数据教育资源实现一站式教学信息平台，包括网上教研系统、网络备课系统、教师学习中心系统、教师评价系统、资源管理与应用系统、视频点播系统、远程网络教学系统等。学生在学习公共服务平台上，通过网络课堂、自主学习系统、互动交流系统等实现远程学习、移动学习。

其次，"大数据决策"成为教育中的一种新的决策方式。大数据时代，教育更加关注学生的学习，要将学生的发展放到大数据的环境之中。中央电化教育馆王晓芜副馆长说："教育正在走向大数据时代，谁能够发现数据，谁就能够赢得未来的生存；谁能够挖掘数据，谁就能够赢得未来的发展；谁能够利用数据，并利用数据提供个性化的服务，谁就能够赢得未来的竞争。"

大数据包括那些由社交媒体、邮件、视频、音频、文档信息和网页所产生的数据。它们来源于智能手机、数码相机、全球定位系统、传感器、社交网络等。这种基于大数据决策教育的特点是：一是量变到质变，比如前面提到的对学生的考核分析，从数字、数据到大数据时代的变革，由于数据被广泛挖掘，决策所依据的信息完全性越来越高，有信息的理性决策在迅速扩大，可以对学生的发展进行多元评估，发现学业成绩背后的原因。二是决策技术含量、知识含量大幅度提高。大数据可以实现过程性评估，发现学生的常态，改造课堂的流程。我们经常说，教学评估应该是过程性的，而非终结性的。三是大数据决策催生了很多过去难以想象的重大解决方案。大数据除了记录教师教学过程和行为、学生课堂表现外，更主要是记录了教师、学生课下的轨迹，大数据通过对教育活动中点滴微观行为的捕捉，帮助我们了解学生对知识的掌握程度以及学生的兴趣点，进而反思我们的教学是否满足学生的需求。

最后，"大数据应用"促进教育变革。正如比尔·盖茨曾预言："在21世纪，随着信息技术以及其他领先科技的发展，学校的形态最终会发生改变。"毋庸置疑，技术的堆砌加速了教育变革与创新的步伐，大数据时代的"潘多拉盒子"已经打开，诸如一对一数字化学习、翻转课堂、慕课、微课等新型的教育教学形态层出不穷，让我们有理由相信比尔·盖茨这一预言绝非空穴来风，而是正在变成现实。

# 第三节　大数据改善社会服务

大数据信息技术的诞生，给传统行业的发展带来了革命性的变化，借助大数据这个新型信息技术平台，将社区社会工作与大数据技术进行有机融合，必将推动社区社会工作服务的发展。大数据思维强调总体数据分析、相关关系以及动态跟进；在服务模式上注重对数据信息的主动式发掘，防患于未然；在理念上提倡开放、共享，这些都凸显了大数据技术在社区社会工作服务中的优势。在具体的运用途径上，首先是数据平台搭建、信息收集，然后是数据信息分析，最后是依托数据信息进行问题预防。需要注意的是独特优势存在的同时，大数据也存在泄漏安全、惯性依赖、信息垃圾、人才匮乏几大隐忧。因此，需要重视相关法律的完善，在技术运用时将大数据思维和传统思维有机结合，大力培养大数据人才，以应对可能出现的问题。

近年来，随着互联网、物联网、云计算以及各类型传感器的大规模普及，各行各业，不管是个人还是组织产生的各种数据开始急速增长。如今，各大信息平台每天都有海量的浏览量、点击率，同时产生海量的数据信息，利用大数据技术对其进行有目的收集、分析和利用能产生有社会价值或者经济价值的结果，因而数据信息库开始成为一种无形的资源宝库。2015 年 11 月发布的《中共中央关于制定国民经济和社会发展第十三个五年规划的建议》明确提出：拓展网络经济空间，推进数据资源开放共享，实施国家大数据战略，超前布局下一代互联网。以此为开端，大数据上升到国家战略层面。因此，借助大数据这个新型信息技术平台，将社区社会工作与大数据技术进行有机融合，势必会重塑社会工作的服务模式，大大地提升社会工作的服务质量。

## 一、大数据在社区社会工作服务中的运用优势

大数据因为其海量化、高速化、多样化、价值化的特征，使得其在应用中可以给社区社会工作在思维、模式、理念上带来变革。

### （一）大数据思维与社区社会工作服务

从思维方式层面看，大数据强调总体数据思维，而非抽取数据思维。与大数据时代对应的小数据时代，由于信息技术的发展比较滞后，无论是社会科学还是自然科学，都是从

部分来研究整体，用研究部分所得到的事物结构属性来分析事物整体的结构属性。抽样调查这种常见的数据采集方式就成为在小数据时代下获得相对精确科学结论的主要手段，但是由于抽样调查本身存在不可避免的弊端，使得这种方式往往不一定能反应事物的本质属性。但是由于大数据的发展，使得数据信息的存储技术获得了前所未有的进展，分析问题的模式由样本约等于总体变为样本就是总体的转变。大数据思维本质上就是由"抽样式"向"整体性"思维的转变，以整体来代替部门，以全局思维替代局部思维，避免形成"数据烟囱"、信息孤岛。从古希腊的亚里士多德时期开始，事物之间的因果联系一直是人们探寻的重点，对任何事情都要追根溯源，也就是发掘事物的"为什么"。而大数据时代的来临，使得从原来凡事皆要追问"为什么"到现在只关注"是什么"，寻求事物之间的相关性比因果性显得更为重要。因为大数据技术的出现使得我们可以以接近事物整体数据的方式来代替小数据时代的以抽样方式来研究事物的内在规律，当研究对象的数据接近整体时，所得的结论就更能接近事物的内在本质规律，精确度就更高。在数据信息技术不甚发达的时代，数据信息往往是一种静态的形式呈现，但是由于万事万物都处在一个不断地变化当中，所以数据的收集一般都有很大的滞后性，并不能跟上事物瞬息万变的发展需要。大数据技术的出现，云计算和智能数据采集装置的诞生，使得数据的采集能够实时跟进，处在一个不断变化不断完善的动态化状态之中，数据信息能更加真实地反应事物的属性。大数据思维能让社区社会工作机构以成体系、立体、多维、矩阵式的思维来服务社区居民。大数据发挥作用的前提是建立一个用户的信息数据库，然后根据用户的日常行为进行判断和预测。比如，社区里某个居民，平时一直通过微博、微信、QQ 等媒介关注一些正面的信息，突然有一段时间，该服务对象开始关注一些负面的信息，并且关注的频率和时长一直在增长，同时还会在这些平台发布一些消极负面的留言和评论，甚至是关注一些抗抑郁的药物信息，那么社会工作者就可以根据从该居民的基础信息数据库所得到的信息数据判断该服务对象是否有抑郁倾向，然后及时派出社会工作者前往该服务对象的家中对其进行问题评估和问题处理。

## （二）大数据模式与社区社会工作服务

传统的问题处理模式是：首先发现问题，然后分析问题，最后有针对性地解决问题。换句话说，在传统模式下，大多数情况下处理问题都是被动的，基本都是等待问题出现了才去分析，然后再去解决。但是大数据的出现改变了这一传统的处理模式。由于大数据是建立在靠信息化的数据存储设备收集起来的海量数据基础之上，由于数据的庞杂性、复杂性，大数据不再执着于探寻事物之间的因果联系，事物之间的相关关系成为探寻问题的重点和关键，通过对多个事物之间数据化关系的探索，发掘事物之间可能会存在的某种倾向，从而在事物还没发的时候，就对其进行预判。这种处理问题的模式就由先前的被动式变成主动发掘式，由此建立一种数据收集—数据分析—预防问题的新模式。比如社会工作者要对介入案件的过程进行详细的记录，而在大数据时代，对于记录的要求则是将其转化为数据化的内容以方便查看分析，通过过程中记录的数据可以总结出其发展的规律性，进而预测未来一段时间内的结果。

### （三）大数据理念与社区社会工作服务

大数据还衍生了一种开放、共享的理念。在传统的社会管理中，社会部门基本遵循条块分割的模式，社会被划为无数个小单位、小部门。长此以往，各个单位、部门就形成了一个个大大小小的利益集体，导致了各个单位之间的信息基本是封闭的。但是随着大数据的兴起，各式各样的信息采集和存储设备使得大量数据的获取成为一种可能，由于其是开放的，所以每个人都有权利获取，因而就产生了共享的理念。开放、共享的理念对社会工作服务具有巨大的促进作用。比如社会工作者在前期接案时，需要对服务对象的各种资料进行详细的评估，以开展下一阶段的实施工作。在这个阶段，由于社会工作机构的个体局限性，社会工作者能够获取的资料十分有限，尤其是一些涉及服务对象重要信息的资料获取更为困难。比如以社区老年工作为例，大数据的信息收集，就需要建立基本信息、养老服务信息、健康档案、社会养老服务资源等涉及老年人各种数据信息的基础数据库，这些基础信息的获取就需要与社保、民政、医疗等系统的信息互联互通，而大数据的开放性和共享性就很好地满足了这一需要。如果服务对象不在常住的生活地点，那么可以通过建立区域性或者是全国性的社会工作机构信息互享平台，服务对象走到哪里，原住地的社会工作机构就将服务对象的信息通过数据传输传送到哪里，实现服务对象在社会工作机构内部的信息共享，从而使得服务对象在任何地方都能接受社会工作机构提供的服务。

## 二、大数据在社区社会工作服务中的运用途径

基于大数据的社会工作实务，国外已有相关的实践，并且在这个方面积累了一定的实际经验，建立了包括数据库管理、记录联动方式、数据清理与统一、大数据集的统计分析等在内的一整套知识和技能体系，这对于开展大数据背景下的社区社会工作意义重大。

### （一）数据平台搭建与信息收集

大数据技术运用的前提是必须拥有真实可靠的数据信息。社会工作者可以前期调研去获取大量社区居民的数据信息，通过融入社区居民的生活来收集社区发生的最新数据资料。这种融入收集资料的方式主要有两种：线上和线下。线下主要是通过进门访谈、问卷、观察等方式从社区居民、社区居委会、社区物业等个人或者社区组织来收集原始数据信息；线上主要是通过社区居民所在的虚拟空间进行数据信息的收集，例如微博、社区论坛、社区QQ群、社区微信群等。然后，在全面调研摸底基础上，运用大数据技术，引入大数据处理平台进行分析以获取所需的信息。Hadoop是目前世界上最为流行的大数据处理平台，Hadoop最先是一个云计算开源平台，后来渐渐被开发成为包含文件系统、数据库、数据

处置等功能模块在内的一整套数据处理系统。在前期收集的线下资料和线上信息的基础材料上，开启社区信息化管理系统工程，建设涉及社区居民事务的社区服务系统，打造数据化的信息平台，为提供标准化、信息化、个性化的社会工作服务打下基础。

### （二）数据信息的分析

数据分析是整个大数据技术的核心部分，因为只有对收集的数据进行有目的性的分析才能产生社会价值。原始数据只是一些异构数据，对这些异构数据进行清洗、抽取、收集，才能得到数据分析者需要的相关的结果。大数据分析所注重的相关性和社会工作所强调的"人在情景中"的工作理念是一致的：大数据的相关分析注重的是事物之间间接的非线性因果联系，这种联系的来源是多渠道的，而"人在情景中"，是指一个人所表现出来的心理、情绪、言语等外部性语言和非语言形态，不光涉及本人所具有的特质，还在于其处在一个大的环境当中。这个大环境里有个人，还有组织，并且时时地与外在的环境进行着交互行为，也就是说人的行为涉及自身、周边的环境以及与周边环境的交往关系。这条理念在大数据中的表现就是：首先，数据信息的核心对象是社区居民的行为。其次，数据对象也包括社区居民所居住的社区的其他个人或者组织，比如其他居民、社区居委会、社区物业、社区社会组织等也属于数据信息的分析范围。最后，也是最重要的，就是数据对象（即社区居民）他们在与周边环境进行交互行为时所表现出来的各种内在的心理状态和外在的行为表现，在大数据上呈现为社区居民在社区论坛、QQ群、微信群、微博等各种社交平台上对某事件的评论、浏览次数、转发次数、事件的热议度等行为。

### （三）依托数据信息进行问题预防

在移动互联网迅猛发展的今天，社区论坛、QQ群、微信群、微博等社交媒介成为社区居民进行信息沟通、表达个人情绪、传播自身思想意识的重要虚拟场所，同时也是社区内重大事件产生萌芽的端口。针对社区内涉及自身生活的事件，尤其是切身利益的事件，社区居民通常会通过论坛、QQ群、微信群、微博等社交平台发表自身的看法、态度。因此，大数据信息平台就可以通过社区居民对某事件讨论的频率、情绪的表达、用词的倾向等，采用时序分析技术预测社区居民的心理发展趋势，进而预判事件发生的风险指数。或者综合采用多种机器学习方法，利用社区居民在论坛、QQ群、微信、微博等产生的大量相关信息数据预测群体事件风险，实现对社区居民对事件态度临界状态的预警，发现并识别社区可能存在的不稳定因素，为及时化解可能的社区事件提供数据支持。

## 三、大数据技术运用于社区社会工作中的问题

大数据这一新兴技术虽然有其独特的优势，但是也存在信息泄露、惯性依赖、信息垃圾、人才匮乏几大隐忧。

## （一）信息泄露

由于大数据技术所带来的应用变革，大数据所产生的巨大价值，不管是商业的还是公益性的，都面临着巨大的技术风险。数据的抽取与集成，数据的隔离与数据的存储，数据的分析与数据的解释，数据运转的几乎每个阶段都面临着安全风险。原因主要有两点：一方面，数据信息本身的价值性。在大数据时代，由于数据信息的开放性、共享性、平等性，人们在享受到大数据带来的社会价值、经济价值的同时，也使得整个社会暴露在数据信息系统的无形监视之下。人们在 QQ、微信、微博等社交平台上的聊天信息、聊天习惯，在淘宝、亚马逊、京东等电商交易平台的交易货物、浏览商品、买卖习惯，在优酷、搜狐、爱奇艺等视频网站的浏览习惯、浏览内容，所有这些碎片化的数据信息都会处在大数据信息技术拥有者的全景关注之下。通过对这些数据的技术化挖掘，数据信息技术的拥有者就可以基本掌握这些互联网信息化平台用户的基本情况，其潜在的风险不可估量。另一方面，数据信息管理的困难性。在数据技术和数据信息不太发达的时代，隐私的窃取一般表现为物理性的，比如偷、盗、骗等形式。但是在如今的大数据信息时代，个人以及组织隐私的获取变得越来越隐蔽、巧妙、迅速，由于大数据信息技术本身存在的技术漏洞，使得一些不法的黑客很容易通过技术化的手段获取大量的个人或者组织信息，以谋求个人的私利。报考各种专业技术证书或者考研考博报名时的信息泄露事件层出不穷就是有力的证明。又如 2017 年 5 月爆发的"勒索病毒"事件，就是由网络黑客利用网络漏洞进行病毒传播，使得超过一百个国家的网络受到不同程度的影响，波及金融、政府等多部门、行业，甚至在校毕业生的论文撰写都受到不同程度的影响。

由此反观社区社会工作，同样也会面临上述问题。一些不法之徒基于某种个人私利，会经由涉及社会工作机构、社区居民甚至社区行政组织的大数据信息系统获取服务对象的个人隐私进行非法活动，给服务对象造成极大的损失，这也是对社会工作伦理的极大挑战和亵渎。

## （二）惯性依赖

一个新事物的出现，如果处理不善，有时候往往会使得人们从一个极端走向另一个极端。虽然大数据以其强大的信息收集、分析、处置能力，在各种行业的运用中都显示出了极大的社会价值和经济价值，但是由于大数据本身只是带有前瞻性的一种预测，追求的是数据信息之间的内在相关性。但是相关性并不是因果性，也就是说相关的联系并不一定是事情的真实，只是这种结果发生的概率非常高。如果对大数据过分依赖，会使得人们形成一种数据崇拜，或者说是形成一种变相的"拜物教"。大数据信息技术始终只是用来认识世界、分析世界、改变世界的一种工具，既然是一种手段，那么就要合理定位。人始终是认识世界、改造世界的主体，虽然由于人类在认识世界、改造世界的过程中需要通过数据信息技术来分析指导自身的行动。但是，人类在几百万年间进化而来的经验判断、直觉判断，创造力和精神力等这些高等智能生物所特有的生物属性是大数据这种非生物属性的客观工具无法比拟的。大数据信息技术所呈现的往往只是一种数据对象的理性偏好，但是人们在认识世界、改造世界的过程中，有些事情并不仅仅是根据这种反应客观现实的理性工具所能处理的。也就是说，大数据技术本质就是一种客观存在，是一种物质，而认识世界、改造世界往往需要一种价值倾向，这是一种抽象的意识形态，这种意识形态是大数据技术这种客观的物质工具无法反映出来的。比如，在开展社区社会工作时，社会工作者要始终秉持人是进行社会工作服务活动的主体。社会工作是一个理性和感性交织的职业，本质上包含一种价值观导向，但是大数据技术作为一种技术，更多体现的是一种科学的理性思维。如果过分地依赖大数据技术，长此以往，社会工作者的职业能力或许会由此退化，并且社会工作作为一种职业还有"变异"的可能性，这对于一个行业的发展是不利的。

## （三）信息失真

在大数据时代，许多数据都是草率生成的、令人误解的、夸张的或者根本是错误的，最终成为不良数据。因为在数据信息的收集过程中会出现以下两种现象：第一种，数据是误产生的。数据信息有时候会来自于非主观理性的原因，比如设备故障或者意外错误触发某一信息网站，随之产生了某个失真的数据信息，这类行为虽产生了数据结果，但并不反映数据产生者的真实情况。第二种，数据是被歪曲或者捏造的。根据匿名理论，人在处于匿名状态时，由于没有明确的个人标志，不用去承担破坏社会规范的后果，就可能降低人的社会约束性，产生越轨行为。网络空间虚虚实实，由于歪曲或者捏造事实的违规、违法甚至犯罪行为的成本比较低，所以很多人会基于个人的某种私利，将一些事件通过各种现代化的信息技术进行有目的的扭曲甚至是无中生有，这样产生的数据信息将严重背离事件的真实情况，导致产生一些容易引起误判的数据垃圾。以上两种常见情形使得数据信息与现实背离。同时由于数据信息系统没有价值偏向，所以其收集数据信息时，很可能会把一些无关的垃圾信息也收集到数据存储系统，如果使用者对大数据技术盲目崇拜，就会在进行价值判断时受到这些信息垃圾的干扰，从而导致信息误判，并影响最终的分析结果。

## （四）人才匮乏

大数据是一种以信息化手段为基础，从众多的互联网信息平台收集、分析、处理各种数据，最终从中挖掘具有社会价值或者经济价值的数据信息的新兴学科。单从信息技术层面来说，它涉及"数据存储、合并压缩、清洗过滤、格式转换、统计分析、知识发现、可视呈现、关联规则、分类聚类、序列路径和决策支持等各种关键技术"。尤其因为很多数据信息是以半结构化甚至非结构化的形态呈现出来的，所以对运用数据处理技术的人来说是一个巨大的挑战。同时从关系度层面分析，大数据技术涉及计算机、数学、统计学、管理学甚至社会学等众多学科的知识，因为大数据技术的运用涉及数据的收集、分析、处理等各个方面，大数据信息平台的建立、维护需要掌握计算机、数学、统计学等技术性强的学科，而数据信息具体到某个领域的运用又必须跟具体领域的学科进行交叉运用。比如将大数据运用到社区社会工作中，这就既涉及社区社会工作大数据信息平台的建立和维护，更重要的是也涉及社会工作者。简单地说就是在大数据背景下，社区社会工作者既要懂得大数据的基本知识，也要懂得如何利用大数据服务社区社会工作，服务社会工作的具体对象。由于大数据人才要求起点高，而相关教育培训工作起步较晚，因此使得目前大数据人才极为缺乏。

## 四、完善大数据背景下社区社会工作服务的对策

面对大数据背景下社区社会工作可能会存在的问题，我们需要重视相关法律的完善，在技术运用时将大数据思维和传统思维有机结合，大力培养大数据方面的人才，以应对可能出现的问题。

### （一）完善相关法律法规

大数据技术给人们带来的既是一个数据信息共享的时代，也是一个数据信息开放的时代，各种数据信息通过大数据平台进行着实时的交互流动。但是也就是这种看似没有边界的开放和共享，也同时使得个人或者组织隐私信息的被泄露有了极大的可能。在大数据信息的立法方面，西方以及美国走在了世界的前列。表1是西方国家有关数据信息的立法情况。

在中国，尽管我国的《宪法》《民法通则》《侵权责任法》甚至《刑法》都对个人侵权、信息滥用等进行了相应的规定，但总体来看，与西方大数据技术发达的国家相比，有关数据信息的立法还相对滞后。为此，我国今后可以从以下两个方面入手：一方面，明确数据信息的权责。数据信息的收集、分析、存储、转让等行为都需要一定的法律条文作为依托：谁是数据信息的拥有者，拥有者的权利和义务是什么？谁是数据信息的使用者，使用者的权利和义务是什么？谁是数据信息的管理者等，管理者的权利和义务是什么？这些都要有明确的权责界限。另一方面，确立数据主体的权利。确立个人数据收集、使用过程中数据主体对涉及个人数据信息所具有的选择权、知情权、获取权、修改权等。

将大数据应用于社区社会工作时，也面临着同样的问题。大数据技术的应用，使得社会工作档案的建立和开发更加信息化、电子化、便捷化，既避免了传统社会工作档案管理的杂乱，也避免了传统社会工作档案存储所存在的物理空间占用量大的缺点，并且使档案的提取、浏览更加快捷。但是由于社会工作伦理的要求，服务对象个人隐私的妥善保护就显得十分重要，这就需要完善的法律法规予以规制。

### （二）将大数据思维和传统思维有机结合

马克思认为："人类的历史有两重性，一方面它既是人类控制自然的能力不断提高的

历史，另一方面它也是人类日益异化的历史，异化的内涵就是指人类自己创造的力量作为外部力量又反过来支配人类。"就像钱是人类创造出来的物质，但是它现在却统治了人，古往今来很多人对它顶礼膜拜，拜金主义就是钱异化后的代名词。在大数据时代，大数据技术的出现同样面临着这种问题。不可否认，大数据技术的出现给我国的政治、社会、经济，乃至每个普通人的工作、生活都带来了革命化的改变，它在宏观经济管理、制造业、金融业、军事、热点检测、治安管理、体育训练等各行各业，在宏观微观层面都有大规模的实际应用，为人们的组织决策提供了重大的帮助。但是，人在技术面前不能失去自我，不能失去主体性和自由意志。大数据作为一种新兴的信息数据科学，它的本质是一种手段，是人类智慧的延伸，也就是说它是人类智慧的一部分，归根结底，它只是人类认识世界、改造世界的一个方式，只是一种客观的中介，大数据技术所能提供的只是一种人们认识世界、改造世界的参考。任何事情都没有绝对，所以在利用大数据认识世界、改造世界的时候，不能有非理性的绝对崇拜，而是要将大数据这种高科技的信息手段与人类这种进化了几百万年的智慧生物所具有的人类理性和智力优势有机集合，既不因盲目崇拜大数据技术而自甘堕落，又不因盲目排外而故步自封，而要综合考虑，理性对待，将大数据思维和人类千百年来的智慧进行有机结合，从而共同服务于人类。

将大数据技术应用于社区社会工作，也是如此。社会工作作为一种职业已经发展了上百年，学科本身所凝聚的社会工作的智慧和经验，是一种社会工作者们无数次实践经验的总结和完善。社会工作作为一种服务于人的职业，服务的主体是人，被服务的主体也是人，尝试将大数据技术应用于社会工作，也只是将它作为一种手段，帮助社会工作者在服务于需要的对象时能够更加具有针对性、精准性、预防性，最终的目的在于服务需要帮助的人。在这里，大数据只是社会工作的工具而已，虽然大数据能够提升服务效率，服务质量，但是工具只是工具，它既不能也不可以完全替代社会工作的服务智慧，只能将社会工作这种职业所具有的智慧经验和大数据技术结合起来共同为需要帮助的人服务。

## （三）大力培养大数据人才

在互联网和大数据技术发展最为前沿的美国，根据埃森哲的调查显示，其新增数据科学家职位的数量占全球新增总量的接近 50%，但美国只能供应 23% 的人才，有近 3.2 万个的人才缺口。同时据业界专家估算，在未来的 5 年内，在大数据人才需求量上，中国目前至少有 100 万个的人才缺口，而目前已有的大数据人才尚不足需求量的十分之一。可以预计，大数据人才将是接下来几年甚至是几十年的重点培养目标。

一方面，培养人才，政策先行，大数据行业同样如此。2010 年，国务院印发《国家中长期人才发展规划纲要（2010-2020 年）》（以下简称《纲要》），《纲要》强调，未来几年我国人才队伍建设的主要任务是培养造就创新型科技人才以及经济社会发展重点领域急需紧缺的专门人才。掌握大数据这项技术的人才属于创新型科技人才，也是国家经济社会发展紧缺的专业化高端人才，他们将在我国的经济、社会、政治等领域发挥巨大的作用。因此在此大背景之下，各级政府可以出台一些相关的鼓励政策。

另一方面，加强大数据和社会工作交叉学科的复合型人才培养。2014年，清华大学和青岛市人民政府签订合作协议，成立数据研究所，以培养多学科交叉的大数据硕士。相应地，各地社会工作机构可以依托地方院校，拟定大数据和社会工作的复合型人才培养计划，建设复合型人才培养基地，由高校进行专业人才的培养和培训；在高等教育阶段进行复合型人才的培养，应以社会工作为依托核心，开设相关的大数据课程，培养社会工作者的大数据思维理念，然后通过实习或者就业的形式在社会机构里面进行相关的学习实践。同时，加强对现有社区社会工作者的大数据知识培训，做到由高校或者科研院所对社区社会工作者进行相关理论、技术的传授，培训其大数据服务思维。

大数据技术的蓬勃发展为很多传统行业的发展提供了契机，在若干行业已显现出巨大的社会价值，将大数据技术运用于社会工作无疑是一个新的探索，对于社区社会工作的发展将起到一定的创新作用。但是在面对这一新技术时，也要警惕可能会出现的问题，做到防患于未然。在探索将这一技术运用于社区社会工作时，要时刻关注实际应用中的效果，同时可以借鉴大数据在其他领域的成熟运用来反思其在社区社会工作领域的应用中可能会出现的各种需要加以注意的问题。我们期待大数据技术和社区社会工作的结合能够使得社区社会工作的服务水平和服务质量更上一层楼。

# 第三章　大数据与数据挖掘的基本理论

## 第一节　基于大数据时代的数据挖掘技术

随着计算机互联网技术的发展，信息数据在生活中显示出了越来越重要的作用，可以说大数据时代已经到来。因此人们需要高效自动化的数据分析技术对大量冗杂无规律的信息进行分类管理，数据挖掘技术由此应运而生。为了更好地利用大数据系统，本节对大数据系统中的数据挖掘技术进行了分析，并列举了数据挖掘技术在实际生活领域中的广泛应用。

### 一、大数据与数据挖掘的相关概述

大数据的概念最早是麦肯锡研究院在 2011 年提出的，他们在《大数据：创新、竞争和生产力的下一个新领域》中提到，数据已经融入了人们的日常生活中。通过对大数据的研究和分析，能够使人们的消费以及生产水平都有一个跨越式的提升。截止至 2018 年，全球数据量增加了 4.8 ZB，换句话说，世界上的每个人都具有至少 500 GB 的数据量，而且这一数据在未来的几年还会以极快的速度向上增长。

大数据的增长存在以下 4 个方面的挑战：数据的含量、数据的传输速度、数据分类的多样性以及数据的真实性。大量化是大数据"量"的特点，多样性特点表现在大数据的来源和格式都多种多样，数据传输的速度性表现在数据产生的速度快、处理要求快，能够满足人们日常对数据及时性的要求。最后大数据的真实性指的是真正能够为人们提供服务和帮助的并不是大数据的规模，而是大数据的质量和真实程度。真实性是人们通过大数据制定计划决策的前提和基础。

数据挖掘技术作为一种新兴科技在 20 世纪 80 年代被提出，数据挖掘技术最初是被科学工作者应用在人工智能技术的开发和利用当中的。简单来说，数据挖掘就是对大量数据进行发掘和创新的过程，即在大量冗杂、随机的数据中挖掘出有用的目标数据，创造出挖掘价值和挖掘潜力。

随着时代的发展以及网络技术的飞速发展，现阶段全球数据飞速扩张，2011 年全球数据就超过了 1.8 万亿 GB，预计几年过后这个数值会达到 90 万亿 GB，短短 10 年时间增长了 50 倍左右，毫无疑问我们已经迈入了大数据时代。数据挖掘技术正在发展成为一种通过计算机技术对企业运营生产产生重大影响的管理策略，尤其是在信息化发展和数据应用较多的领域，数据挖掘技术的应用意义更为重大。

# 二、大数据时代数据挖掘的技术方法

根据不同的目标和需要，找出最为合适的分析方法。总体来说现阶段常用的数据挖掘技术方法有以下几种。

## （一）聚类分析

聚类分析是一种无预期、无监督的分析过程，它通过对某些事物进行集合和分组，将类似的事物组成新的集合，并找到其中有价值的部分。聚类分析的基础是"物以类聚"，根据事物的特征将其划分为不同的类别。

现阶段数据挖掘领域中较常用的聚类算法包括 CURE 算法、BIRCH 算法以及 STING 算法。

CURE 算法：CURE 将每个数据点定义为一簇，然后通过某一收缩条件对数据点进行收缩，这样相距最近的代表点的簇就会相互合并，使得一个簇就可以通过多个代表点进行表示，进而使 CURE 能够适应非球形形状。

BIRCH 算法：该算法是一个综合的层次聚类分析方法，对于具有 N 个数据点的簇 {X}（i=1，2，3，4，5…N）其聚类特征向量可以表示为（N，，SS），其中 N 代表簇中含有点的数量，向量 LS 是这 N 个点的线性和，SS 是各个数据点的平方和。另外，如果两个类的聚类特征分别为（N1，S1，SS1）和（N2，S2，SS2），那么这 2 个类经过合并后的聚类特征可以表示为（N1+N2，S1+S2，SS1+SS2）。BIRCH 算法通过聚类以上特征可以科学的对中心、半径、直径以及类间距离进行运算。

STING 算法：STING 算法将整体空间划分为若干个矩形单元，根据分辨率的不同，将这些矩形单元分为不同的层次结构。几个低层的单元组成了高一层的单元，因此高一层的统计参数可以通过对低层单元计算得出，这些统计参数包括最大值、最小值、平均数、标准差等。STING 算法的特点是其计算与统计查询是相互独立的，因此其运算效率较高且易于进行并行处理以及增量更新。

## （二）分类预测

分类和预测是 2 个不同的重要步骤，其中分类是对各个类别中标号的估计，这些标号是分散并且没有规律的。预测则是通过连续的函数值建立的函数模型。分类是进行数据挖掘的起始步骤，它是对可预测的数据按照相应的描述或者特征构建有关的不同区域，分类的方法有很多种，其中较为常见的包括神经网路以及决策树等。预测主要是以及回归基础，对数据未来的动态方向的估计，现阶段较为常见的预测方法包括回归分析法和局势外推法等。

## （三）关联分析

人们在日常生产生活中不难发现，各个不同的事物之间是具有盘根错节的关联的，像一件事件的发生随后会引起一系列相关事件的发生，一个意外的出现也会引发更多不同的意外。关联分析法就是通过对一系列事件发生的概率及时地进行分析，找到它们之间的规律，利用发现的规律对未来可能发生的事件进行预估和决策。像著名的沃尔玛啤酒和纸尿布案例的分析：沃尔玛营销人员发现商场内部啤酒的销量和纸尿裤的销量总是成正比，通过运用关联分析方法得出结论，婴儿的父亲在购买纸尿裤的时候总是习惯性的顺手买 2 罐啤酒，根据这一分析结果，沃尔玛将纸尿裤货架与啤酒货架摆放在了一起，从而大大促进了两种产品的销量。

# 三、大数据时代数据挖掘技术的应用

## （一）金融领域

金融行业需要对数据进行大量的收集和处理，通过对大量数据进行分析可以建立某些模型并发现相应的规律，从而会发现一些客户或者商业机构的习惯和兴趣，进而赢得客户的信任。另外金融机构通过数据挖掘技术可以更加迅速有效地观察出金融市场的变化趋势，在第一时间赢得机会。数据挖掘技术在金融领域的应用主要包括账户分类、数据清理、金融市场预测分析以及客户信用评估等。

## （二）医疗领域

医疗领域也具有大量的数据需要处理，与其他行业不同的是，医疗领域的数据信息由不同的数据管理系统进行管理，且保存的格式也不尽相同。在医疗领域中数据挖掘最重要的任务是对大量的数据进行清理以及对医疗保健所需费用进行预测。

## （三）市场营销领域

大数据的数据挖掘技术在市场营销领域的应用，主要体现在对消费者的消费习惯以及消费群体消费行为的分析上，根据分析得出的结果在生产和销售上进行调整，提升产品的销售量。另外通过数据挖掘技术能够对客户群体进行分类识别，从无规则无序的客户群体中筛选出有潜力和有高忠诚度的客户，从而帮助企业寻找到优质客户进而对其进行重点维护。

## （四）教育领域

在教育领域，数据挖掘系统也发挥着不可或缺的作用，通过数据挖掘技术的应用，可以更好地分析出学生的学习程度和学习特点，教师可以根据分析数据及时地对教学进度和教学内容进行调整，另外可以利用数据挖掘系统对学生的学习成绩进行分析，充分了解学生学习中的弱点，并对学习资源进行合理优化配置，从整体上提升教学质量。

## （五）科学研究领域

最后在信息量极为庞大的生物技术领域以及天文气象等领域，数据挖掘技术更体现出了其强大、智能化的数据分析功能。

总的来说，在大数据时代，数据挖掘技术作为一个新兴技术具有较大的研究价值与发展空间。因此我们应该在各个领域内对该技术进行研究与探索，借助大数据系统分析提升各行业的经济效益和社会效益。

# 第二节　大数据时代的数据挖掘发展

随着改革开放的进一步深化，以及经济全球化的快速发展，我国各行各业都有了质的飞跃，发展方向更加全面。特别是近年来科学技术的发展和普及，更是促进了各领域的不断发展，使得各学科均出现了科技交融。在这种社会背景下，数据形式和规模不断向着更加快速、精准的方向发展，促使经济社会发生了翻天覆地的变化，同时也意味着大数据时代即将来临。就目前而言，数据已经改变传统的结构模式，在时代的发展推动下积极向着结构化、半结构化，以及非结构化的数据模式方向转换，改变了以往的只是单一地作为简单的工具的现象，逐渐发展成为具有基础性质的资源。文章主要针对大数据时代下的数据分析与挖掘进行了分析和讨论，并论述了建设数据分析与挖掘体系的原则，希望可以为从事数据挖掘技术的分析人员提供一定的帮助和理论启示，仅供参考。

进入21世纪以来，随着高新科技的迅猛发展和经济全球化发展的趋势，我国国民经济迅速增长，各行业、领域的发展也颇为迅猛，人们生活水平与日俱增，在物质生活得到极大满足的前提下，更加追求精神层面以及视觉上的享受，这就涉及到了数据信息方面的内容。在经济全球化、科技一体化、文化多元化的时代，数据信息的作用和地位是不可小觑的，处理和归类数据信息是达到信息传递的基础条件，是发展各学科科技交融的前提。

然而，世界上的一切事物都包含着两个方面，这两个方面既相互对立，又相互统一。矛盾即对立统一。矛盾具有斗争性和同一性两种基本属性，我们必须用一分为二的观点、全面的观点看问题。同时要积极创造条件，促进矛盾双方的相互转变。数据信息在带给人们生产生活极大便利的同时，还会被诸多社会数据信息所困扰。为了使广大人民群众的日常生活更加便捷，需要其客观、正确地使用、处理数据信息，完善和健全数据分析技术和数据挖掘手段，通过各种切实可行的数据分析方法科学合理地分析大数据时代下的数据，做好数据挖掘技术工作。

# 一、实施数据分析的方法

在经济社会快速发展的背景下,我国在科学信息技术领域取得长足进步。科技信息的发展在极大程度上促进了各行各业的繁荣发展和长久进步,使其发展更加全面化、科学化、专业化,切实提升了我国经济的迅猛发展,从而形成了一个最佳的良性循环,我国也由此进入了大数据时代。对于大数据时代而言,数据分析环节是必不可少的组成部分,只有科学准确地对信息量极大的数据进行处理、筛选,才能使其更好地服务于社会,服务于广大人民群众。正确处理数据进行分析过程是大数据时代下数据分析的至关重要的环节,众所周知,大数据具有明显的优势,在信息处理的过程中,需要对大容量数据、分析速率,以及多格式的数据三大问题进行详细的分析和掌握。

## (一)Hadoop HDFS

HDFS,即分布式文件系统,主要由客户端模块、元数据管理模块、数据存储服务模块等模块组成,其优势是储存容量较大的文件,通常情况下被用于商业化硬件的群体中。相比于低端的硬件群体,商业化的硬件群体发生问题的概率较低,在储存大容量数据方面备受欢迎和推崇。Hadoop,即分布式计算,是一个用于运行应用程序在大型集群的廉价硬件设备上的框架,它为应用程序的透明化的提供了一组具有稳定性以及可靠性的接口和数据运动,可以不用在价格较高、可信度较高的硬件上应用。一般情况下,面对出现问题概率较高的群体,分布式文件系统是处理问题的首选,它采用继续运用的手法进行处理,而且还不会使用户产生明显的运用间断问题,这是分布式计算的优势所在。而且还在一定程度上减少了机器设备的维修和维护费用,特别是针对机器设备量庞大的用户来说,不仅降低了运行成本,而且还有效提高了经济效益。

## (二)Hadoop的优点与不足

随着移动通信系统发展速度的不断加快,信息安全是人们关注的重点问题。因此,为了切实有效地解决信息数据安全问题,就需要对大量的数据进行数据分析,不断优化数据信息,从而使数据信息更加准确,安全。在进行数据信息的过程中,Hadoop是最常用的解决问题的软件构架之一,它可以对众多数据实行分布型模式解决。在处理的过程中,主要依据一条具有可信性、有效性、可伸缩性的途径进行数据信息处理,这是Hadoop特有的优势。但是世界上一切事物都处在永不停息地变化发展之中,都有其产生、发展和灭亡的历史,发展的实质是事物的前进和上升,是新事物的产生和旧事物的灭亡,因此,要用科学发展的眼光看待问题。Hadoop同其他数据信息处理软件一样,也具有一定的缺点和不足。主要表现在以下几个方面。

首先,就现阶段而言,在企业内部和外部的信息维护以及保护效用方面还存在一定的不足和匮乏，在处理这种数据信息的过程中，需要相关工作人员以手动的方式设置数据，这是 Hadoop 所具有的明显缺陷。因为在数据设置的过程中，相关数据信息的准确性完全是依靠工作人员而实现的，而这种方式的在无形中会浪费大量的时间，并且在设置的过程中出现失误的概率也会大大增加。一旦在数据信息处理过程中的某一环节出现失误，就会导致整个数据信息处理过程失效，浪费了大量的人力、物力，以及财力。

其次，Hadoop 需求社会具备投资构建的且专用的计算集群，在构建的过程中，会出现很多难题，比如形成单个储存、计算数据信息和储存，或者中央处理器应用的难题，不仅如此，即使将这种储存形式应用于其他项目的上，也会出现兼容性难的问题。

## 二、实施数据挖掘的方法

随着科学技术的不断发展以及我国社会经济体系的不断完善，数据信息处理逐渐成为相关部门和人们重视的内容，并且越来越受到社会各界的广泛关注和重视，并使数据信息分析和挖掘成为热点话题。在现阶段的大数据时代下，实施数据挖掘项目的方法有很多，且不同的方法适用的挖掘方向不同。基于此，在实际进行数据挖掘的过程中，需要根据数据挖掘项目的具体情况选择相应的数据挖掘方法。数据挖掘方法有分类法、回归分析法、Web 数据挖掘法，以及关系规则法等等。文章主要介绍了分类法、回归分析法、Web 数据挖掘法对数据挖掘过程进行分析。

### （一）分类法

随着通信行业快速发展，基站建设加快，网络覆盖多元化，数据信息对人们的生产生活影响越来越显著。计算机技术等应用与发展在很大程度上促进了经济的进步，提高了人们的生活水平，也进一步推动了人类文明的历史进程。在此背景下，数据分析与挖掘成为保障信息安全的基础和前提。为了使得数据挖掘过程更好地进行，需要不断探索科学合理的方法进行分析，以此确保大数据时代的数据挖掘进程更具准确性和可靠性。分类法是数据挖掘中常使用的方法之一，主要用于在数据规模较大的数据库中寻找特质相同的数据，并将大量的数据依照不同的划分形式区分种类。对数据库中的数据进行分类的主要目的是将数据项目放置在特定的、规定的类型中，这样做可以在极大程度上为用户减轻工作量，使其工作内容更加清晰，便于后续时间的内容查找，另外，数据挖掘的分类还可以为用户提高经济效益。

### （二）回归分析法

除了分类法之外，回顾分析法也是数据挖掘经常采用的方法。不同于分类法中对相同特质的数据进行分类，回归分析法主要是对数据库中具有独特性质的数据进行展现，并通过利用函数关系来展现数据之间的联系和区别，进而分析相关数据信息特质的依赖程度。

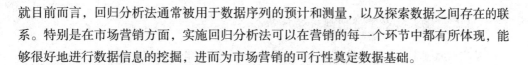

就目前而言，回归分析法通常被用于数据序列的预计和测量，以及探索数据之间存在的联系。特别是在市场营销方面，实施回归分析法可以在营销的每一个环节中都有所体现，能够很好地进行数据信息的挖掘，进而为市场营销的可行性奠定数据基础。

## （三）Web 数据挖掘法

通信网络极度发达的现今时代，大大地丰富了人们的日常生活，使人们的生活更具科技性和便捷性，这是通过大规模的数据信息传输和处理而实现的。为了将庞大的数据信息有目的性地进行分析和挖掘，就需要通过合适的数据挖掘方法进行处理。Web 数据挖掘法主要是针对网络式数据的综合性科技。到目前为止，在全球范围内较为常用的 Web 数据挖掘算法的种类主要有三种，且这三种算法涉及的用户都较为笼统，并没有明显的界限可以对用户进行明确、严谨的划分。高新科技的迅猛发展，也给 Web 数据挖掘法带来了一定的挑战和困难，尤其是在用户分类层面、网站公布内容的有效层面，以及用户停留页面时间长短的层面。因此，在大力推广和宣传 Web 技术的大数据时代，数据分析技术人员要不断完善 Web 数据挖掘法的内容，不断创新数据挖掘方法，以期更好地利用 Web 数据挖掘法服务于社会，服务于人民。

# 三、大数据分析挖掘体系建设的原则

随着改革开放进程的加快，我国社会经济得到明显提升，人们物质生活和精神文化生活大大满足。特别是二十一世纪以来，科学信息技术的发展，更是提升了人们的生活水平，改善了生活质量，计算机、手机等先进的通信设备比比皆是，传统的生产关系式和生活方式已经落伍，并逐渐被淘汰，新的产业生态和生产方式喷薄而出，人们开始进入了大数据时代。因此，为了更好地收集、分析、利用数据信息，并从庞大的数据信息中精准、合理地选择正确的数据信息，进而更加迅速地为有需要的人们传递信息，就需要建设大数据分析与挖掘体系，并在建设过程中始终遵循以下几个原则。

## （一）平台建设与探索实践相互促进

经济全球化在对全球经济发展产生巨大推力的同时，还使得全球技术竞争更加激烈。为了实现大数据分析挖掘体系良好建设的目的，需要满足平台建设与探索实践相互促进，根据体系建设实际逐渐摸索分析数据挖掘的完整流程，不断积累经验，积极引进人才，打造一支具有专业数据分析与挖掘水准的队伍。此外还要在实际的体系建设过程中吸取失败经验，并适当借鉴发达国家的先进数据平台建设经验，取其精华，促进平台建设，以此构建并不断完善数据分析挖掘体系。

## （二）技术创新与价值创造深度结合

从宏观意义上讲，创新是民族进步的灵魂，是国家兴旺发达的不竭动力。而对于数据分析挖掘体系建设而言，创新同样具有重要意义和作用。创新是大数据的灵魂，因此在建设大数据分析挖掘体系过程中，要将技术创新与价值创造深度结合，并将价值创造作为目标，辅以技术创新手段，只有这样，才能达到大数据分析挖掘体系建设社会效益与经济效益的双重目的。

## （三）人才培养与能力提升良性循环

意识对物质具有反作用，正确反映客观事物及其发展规律的意识，能够指导人们有效地开展实践活动，促进客观事物的发展。歪曲反映客观事物及其发展规律的意识，则会把人的活动引向歧途，阻碍客观事物的发展。由此可以看出意识正确与否对于大数据分析挖掘体系平台建设的重要意义。基于此，要培养具有大数据技术能力和创新能力的数据分析人才，并定期组织教育学习培训，不断提高他们的数据分析能力，不断进行交流和沟通，进一步培养数据分析意识，提高数据挖掘能力，实现科学的数据挖掘流程与高效的数据挖掘执行，从而提升数据分析挖掘体系平台建设的良性循环。

通过文章的综合论述可知，在经济全球化趋势迅速普及的同时，科学技术不断创新与完善，人们的生活水平和品质都有了质的提升，先进的计算机软件等设备迅速得到应用和推广。人们实现信息传递的过程是通过对大规模的数据信息进行处理和计算形成的，而信息传输和处理等过程均离不开数据信息的分析与挖掘，可以说，我国由此进入了大数据时代。然而，就我国目前数据信息处理技术来看，相关数据技术还处于发展阶段，与发达国家的先进数据分析技术还存在一定的差距和不足。所以，相关数据分析人员要根据我国的基本国情和标准需求对数据分析技术进行完善，提高思想意识，不断提出切实可行的方案进行数据分析技术的创新，加大建设大数据分析挖掘体系的建设，搭建可供进行数据信息处理、划分的平台，为大数据时代的数据分析和挖掘提供更加科学、专业的技术，从而为提高我国的科技信息能力提供基本的保障和前提。

# 第三节　大数据技术与档案数据挖掘

信息时代背景下，信息分析与处理方式多式多样。大数据技术近几年开始应用于档案数据挖掘中，使得档案管理工作变得信息化和精细化。本节就大数据技术在档案数据挖掘中的价值与策略进行深入分析。

伴随着大数据时代的到来，数据挖掘技术在档案管理中的应用将进入一个新的发展时期。尽管档案学术界很早就提出知识管理与知识挖掘，但知识挖掘尚停留在概念和理论探讨阶段。大数据挖掘，即从大数据中挖掘知识，大数据挖掘技术有效地解决了数据和知识之间的鸿沟，是将数据转变成知识的有效方式。大数据时代给数据挖掘技术带来的根本性改变是使数据的深度挖掘成为可能，对大量数据进行分析处理和智能化挖掘，从管理角度来看，要达到最优的结果，不仅数据要全面、可靠、有价值，而且需要对数据进行深度挖掘。

# 一、大数据技术与档案数据挖掘内容

## （一）挖掘档案资源

在大数据技术支持下，档案管理工作的思路应转变为"大数据"，合理整合档案数据，建立完善的大数据档案资源体系和共享软件档案数据资源库，从而实现馆藏档案的共享和联系。另外，云计算平台和互联网技术等推动了地区档案数据资源网络系统的建设与完善，使得档案用户查询相关资料更加方便简洁。

## （二）用户数据挖掘

大数据技术下的档案资源挖掘，可以挖掘更多的用户数据，使得大数据档案服务变得更加精准，同时也提升了用户的体验感与认同感。在进行档案数据挖掘的时候，应该重点对用户的档案信息、用户统计资料等进行挖掘整理。在档案数据挖掘的时候，不仅可以利用大数据技术访问用户的浏览日志文件，还可以用数据分析技术进行档案资料分析，同时对用户的检索关键词进行数据化统计，从而提高档案信息查准率。

# 二、利用大数据技术进行档案数据挖掘的有效措施

## （一）构建大数据技术为核心的数据资源体系

随着社会的进步，档案数据应展现时代特色，构建中华民族体记忆的"中国式"数字资源库。数字资源可以是文本形式、音频形式、图片形式等。首先，应扩大档案数据资源总量，加大实体档案资源的建设，完善实体档案门类，优化馆藏档案结构。其次，应重点建设数字资源，构建完善的数字化档案资源库，使电子档案分门别类的归档。最后，应大力整合档案数据资源，实现资源共享，增加数据应用价值。一方面，在档案数据管理方面，大数据技术为档案管理与档案挖掘提供了有效保证，另一方面，在大数据技术下档案的深入挖掘中，还进一步优化了档案馆的使用功能。

## （二）构建和谐的用户关系管理，增大数据内在关联

在大数据时代，人们应该转变原有的"因果关系"认知思路与观念，用"相互关系"取代传统思想，用新的视觉看待档案数据挖掘，用新的技术去挖掘档案数据，将以前的"知

道为什么"变成"知道是什么"。大数据技术有预测分析的功能，可以对档案用户之前的网上行为，现在的进行行为进行分析，还可以根据用户的基本情况预测未来的行为，挖掘出数据之间的关联性，实现档案资源的集成、创新与优化。此外，可以借助大数据技术，统计分析用户的行为轨迹，研究用户的使用习惯和兴趣，分析用户的储存行为等，在隐性层面满足用户的实际需求。例如，借助大数据技术针对不同的用户，可以产生动态推荐超级链接列表。

## （三）利用大数据技术保护数据安全

在大数据时代，信息隐私安全保护面临着严峻考验，技术因素和人力因素都会影响数据的安全性，如果合理利用大数据技术，就可以为档案管理工作提供可靠的预测决策的情报。首先，应健全大数据档案挖掘法律法规，加强对个人档案信息隐私的保护力度。另外，还应建立个人档案数据安全管理体系，合理管理档案信息，避免发生数据外泄和丢失等现象。其次，选择可以保护数据隐私的挖掘方法与技术，明确私人信息和公共信息，先确保私人信息的安全，再进行数据深入挖掘。

## （四）实施智慧因子联合大数据技术的数据挖掘模式

自"智慧城市"概念提出后，"智慧因子"被广泛应用于各行各业中，例如智慧上海、智慧物流、智慧档案馆等。智慧档案馆就是档案数据挖掘中"智慧因子联合大数据技术"的实际应用案例，在大数据技术中植入智慧因子，将智慧服务为档案馆理论，在互联网技术和物联网技术的支持下，形成智能网络体系，真正实现档案信息资源的有机整合和广度挖掘，推动我国档案服务的信息化和智慧化发展。大数据技术可以将各种档案资源进行有机整合，同时，还能借助智慧因子，创新智慧服务理念和手段，使得档案数据资源开发更加个性化，同时让隐性知识变得显性化。

综上所述，在大数据时代背景下，大数据档案、大数据服务、智慧档案等都大大促进了档案管理工作的开展。随着科学技术的不断发展，未来档案管理工作中应真正落实大数据技术，使得每位档案管理人员在工作中都可以轻车熟路。档案数据挖掘有几个不同的环节，在应用大数据技术的时候，应该认清数据挖掘环节的特性，采取合理的数据挖掘措施，实现档案数据资料的有效挖掘和合理运行，实现大数据技术下档案数据的良性循环。

# 第四节　遥感大数据自动分析与数据挖掘

成像方式的多样化以及遥感数据获取能力的增强，导致遥感数据的多元化和海量化，这意味着遥感大数据时代已经来临。然而，现有的遥感影像分析和海量数据处理技术难以满足当前遥感大数据应用的要求。发展适用于遥感大数据的自动分析和信息挖掘理论与技术，是目前国际遥感科学技术的前沿领域之一。本节围绕遥感大数据自动分析和数据挖掘等关键问题，深入调查和分析了国内外的研究现状和进展，指出了在遥感大数据自动分析和数据挖掘的科学难题和未来发展方向。

# 一、大数据和遥感大数据

近年来，随着信息科技和网络通信技术的快速发展，以及信息基础设施的完善，全球数据呈爆发式增长。国际数据资讯公司（International Data Corporation，IDC）的最新研究指出，全球过去几年新增的数据量是人类有史以来全部数据量的总和，到 2020 年，全球产生的数据总量将达到 40 ZB 左右，而其中 95% 的数据是不精确的、非结构化的数据。一般而言，把这些非结构化或半结构化的、远超出正常数据处理规模的、通过传统的数据处理方法分析困难的数据称为大数据（big data）。大数据具有体量大（volume）、类型杂（variety）、时效强（velocity）、真伪难辨（veracity）和潜在价值大（value）等特征。

大数据隐含着巨大的社会、经济、科研价值，被誉为未来世界的"石油"，已成为企业界、科技界乃至政界关注的热点。2008 年和 2011 年《Nature》和《Science》等国际顶级学术刊物相继出版专刊探讨对大数据的研究，标志着大数据时代的到来。在商业领域，IBM、Oracle、微软、谷歌、亚马逊、Facebook 等跨国巨头是发展大数据处理技术的主要推动者。在科学研究领域，2012 年 3 月，美国奥巴马政府 6 个部门宣布投资 2 亿美元联合启动"大数据研究和发展计划"，这一重大科技发展部署，堪比 20 世纪的信息高速公路计划。英国也将大数据研究列为战略性技术，对大数据研发给予优先资金支持。2013 年英国政府向航天等领域的大数据研究注资约 1.9 亿英镑。我国也已将大数据科学的研究提上日程，2013 年国家自然科学基金委开设了"大数据"研究重点项目群。总体而言，大数据科学作为一个横跨信息科学、社会科学、网络科学、系统科学、心理学、经济学等诸多领域的新型交叉学科，已成为科技界的研究热点。

目前来看，国际上针对大数据的科学研究仍处于起步阶段，大数据的工程技术研究走在科学研究的前面。绝大多数研究项目都是应对大数据带来的技术挑战，重视的是数据工程而非数据科学本身。因此，为了深入研究大数据的计算基础研究，需要面向某种特定的应用展开研究。

在遥感和对地观测领域，随着对地观测技术的发展，人类对地球的综合观测能力达到空前水平。不同成像方式、不同波段和分辨率的数据并存，遥感数据日益多元化；遥感影像数据量显著增加，呈指数级增长；数据获取的速度加快，更新周期缩短，时效性越来越强。遥感数据呈现出明显的"大数据"特征。

然而，与遥感数据获取能力形成鲜明对比的是遥感信息处理能力十分低下。现有的遥感影像处理和分析技术，主要针对单一传感器设计，没有考虑多源异构遥感数据的协同处理要求。导致遥感信息处理技术和数据获取能力之间出现了严重的失衡，遥感信息处理仍然停留在从"数据到数据"的阶段，在实现从数据到知识转化上明显不足，对遥感大数据的利用率低，陷入了"大数据，小知识"的悖论。更有甚者，由于大量堆积的数据得不到有效利用，海量的数据长期占用有限的存储空间，将造成某种程度上的"数据灾难"。

大数据的价值不在其"大"而在其"全"，在其对数据后隐藏的规律或知识的全面反映。同样，遥感大数据的价值不在其海量，而在其对地表的多粒度、多时相、多方位和多层次的全面反映，在于隐藏在遥感大数据背后的各种知识（地学知识、社会知识、人文知识等）。遥感大数据利用的终极目标在于对遥感大数据中隐藏知识的挖掘。因此，有必要研究适应于遥感大数据的自动处理和数据挖掘方法，通过对数据的智能化和自动分析从遥感大数据中挖掘地球上的相关信息，实现从遥感数据到知识的转变，突破这种"大数据，小知识"的遥感数据应用瓶颈。

本节主要讨论遥感大数据的智能分析与信息挖掘问题。在大数据的背景下，借助和发展相关技术，开展对遥感大数据的研究，一方面可以丰富"大数据科学"的内涵，另一方面也可有效地破解遥感对地观测所面临的"大数据，小知识"的困局，因此遥感大数据具有十分重要的科学价值和现实意义。

## ■ 二、遥感大数据的自动分析

遥感大数据的自动分析是进行遥感大数据信息挖掘、实现遥感观测数据向知识转化的前提。其主要目的是建立统一、紧凑和语义的遥感大数据表示，从而为后续的数据挖掘奠定基础。遥感大数据的自动分析主要包含数据的表达、检索和理解等方面。

### （一）遥感大数据的表达

随着对地观测遥感大数据不断涌现，其语义的复杂性、数据维度语义的丰富性、传感器语义的多样性等新特点使得传统的表达方式已不能满足实际应用需求。同一地物的不同粒度、时相、方位和层次的观测数据可以看作是该地物在不同观测空间的投影。因此，遥感大数据的特征提取需要考虑多源、多分辨率影像特有的特征表达模型，以及特征间的关系和模型的相互转化。研究遥感大数据的特征计算方法，从光谱、纹理、结构等低层特征出发，抽取多元特征的本征表示，跨越从局部特征到目标特性的语义鸿沟，进而建立遥感大数据的目标一体化表达模型是遥感大数据表达的核心问题。研究内容主要包括：

（1）遥感大数据的多元离散特征提取：在大数据的框架下，需要研究多分辨率、多数据源、多时空谱的遥感影像特征提取，形成遥感大数据在不同传感器节点的离散、多元特征提取方法。

（2）遥感大数据多元特征的归一化表达：遥感大数据的特征提取需要考虑多元离散特征的融合和降维。特征融合旨在把多元特征统一到同一个区分特征空间中，用数据变换的方式将不同源、不同分辨率的离散特征同化到大数据的应用空间。同时，多元特征的维数分析目的在于将遥感大数据的高维混合特征空间进行维数减少，形成归一化的低维特征节点和数据流形，以提高大数据处理的效率。

## （二）遥感大数据的检索

遥感大数据应用正朝着网络化、集成化的方向发展。世界各国也纷纷制定了国家级别空间数据基础设施的计划，旨在通过网络的方式，提供高程、正射影像、水文、行政边界、交通网络、地籍、大地控制以及各种专题数据的访问与下载服务。例如，美国政府建立的空间信息门户，其目标在于建立一站式地理空间站点，以提高政府工作效率以及为大众提供空间信息服务，而此举还在一定程度上方便了信息的获取。然而，这种服务模式主要是通过目录搜索的方式提供数据下载，对于数据的处理和分析还远远不够，难以实现对用户需求的按需服务。现有的地理信息和遥感数据服务链还难以对任务需求变化和动态环境变化进行自适应处理，也难以在任务并发情况下进行服务协同优化。

为了从海量遥感大数据中检索出符合用户需求和感兴趣的数据，必须对数据间的相似性和相异性进行度量。在此基础上的高效遥感大数据组织、管理和检索，可以实现从多源多模态数据中快速地检索感兴趣目标，提高遥感大数据的利用效率。对于遥感场景数据的检索目前基本实现了基于影像特征的搜索。然而，在遥感大数据中，同一地物的不同观测数据存在大量的冗余性和相似性，因此，如何利用这些冗余信息，研究图像的相似性或差异性、充分挖掘图像的语义信息，有效提高检索效率是遥感大数据利用的关键问题。

仅针对某一类型图像的传统遥感图像检索方法已难以适用于遥感大数据的检索，发展知识驱动的遥感大数据检索方法是有效途径之一，主要包括：

（1）场景检索服务链的建立：由于遥感图像描述的是地表信息，不存在明确或单一的主题信息，而传感器和成像条件的多样化又导致了遥感图像的多样化。因此，需要在遥感影像语义特征提取、目标识别、场景识别与自主学习的基础上，针对不同类型遥感数据的特点，建立适合数据类型与用于需求的场景检索服务链，获取不同类型遥感数据所共有的地学知识，为检索多源异质数据提供知识基础。

（2）多源海量复杂场景数据智能检索系统：海量场景数据智能检索系统基于用户给定的待检索信息（文本描述、场景图像等）对多源海量遥感数据进行检索，快速返回用户所需的场景。

（3）融入用户感知信息的知识更新方法：相关反馈技术作为一种监督的自主学习方法，是基于内容的图像检索中提高图像检索性能的重要手段。相关反馈是一种通过用户对检索结果的反馈，把低层次特征与高层语义进行实时关联的机制，其基本思想是：查询时，首先由系统对用户提供查询结果，然后用户反馈给系统其对于结果的满意程度，从而锻炼和提高系统的学习能力以模拟人类的对图像的感知能力，达到高层语义检索的目的。

## （三）遥感大数据的理解

遥感大数据科学的主要目标是实现数据向知识的转化，因此遥感大数据场景的语义理解至关重要。目前对于遥感场景数据的处理基本实现了由"面向像素"到"面向对象"的处理方式的过渡，能够实现对象层 - 目标层的目标提取与识别。然而，由于底层数据与高层语义信息间存在语义鸿沟，缺乏对目标与目标关系的认知、目标与场景关系的认知，造成了在目标识别过程中对获取的场景信息利用能力不足的问题。为了实现遥感大数据的场景高层语义信息的高精度提取，在遥感大数据特征提取和数据检索的基础上，应主要研究以下内容：

（1）特征 - 目标 - 场景语义建模：为了实现遥感大数据的场景语义理解，克服场景理解中的语义鸿沟问题，需要发展从目标 - 场景关系模型、特征 - 视觉词汇 - 场景模型、特征 - 目标 - 场景一体化模型 3 个方向，研究特征 - 目标 - 场景的语义模型。

（2）遥感大数据的场景多元认知：以多源、多尺度等多元特征为输入，以特征 - 目标 - 场景语义模型为基础，研究遥感大数据的场景多元认知方法，提供多元化语义知识输出。

## （四）遥感大数据云

遥感云基于云计算技术将各种遥感信息资源进行整合，建立基于遥感云服务的新型业务应用与服务模式，提供面向公众的遥感资源一体化的地球空间服务。遥感云将各种空天地传感器及其获取的数据资源、数据处理的算法和软件资源以及工作流程等进行整合，利用云计算的分布式特点，将数据资源的存储、处理及传输等分布在大量的分布式计算机上，使得用户能快速地获取服务。国家测绘地理信息局建设的地理信息综合服务网站——天地图，就是利用分布式存储技术来存储全球的地理信息数据，这些数据以矢量、影像、三维 3 种模式来展现，通过门户网站实现了地理信息资源共享。Open RS Cloud 是一个基于云计算的开放式遥感数据处理与服务平台，可以直接利用其虚拟 Web 桌面进行快速的遥感数据处理和分析。GeoSquare 利用高效的服务链网络为用户提供输入输出管理工具来构建可视化的服务链模型进行遥感数据处理。目前正在建立的空天地一体化对地观测传感网旨在获取全球、全天时、全天候、全方位的空间数据，为遥感云中数据获取、处理及应用奠定基础。

# 三、遥感大数据挖掘

数据挖掘是指从大量数据中通过算法搜索其隐藏信息的过程，是目前大数据处理的重要手段和有效方法，可以从遥感大数据中发现地表的变化规律，并探索出自然和社会的变化趋势。下面将具体分析遥感大数据挖掘过程和遥感大数据和广义遥感大数据的综合挖掘。

## （一）遥感大数据挖掘过程

对大数据进行数据挖掘整个过程包含数据获取与存储、数据处理与分析、数据挖掘、数据可视化及数据融合等，这些过程都具有大数据的特点。而相较于数据检索和信息提取而言，数据挖掘的难度更大，它依赖于基于大数据和知识库的智能推理等的理论和技术支撑。遥感大数据的数据挖掘具体过程为：首先是数据的获取和存储，存储从各种不同的传感器获取的海量、多源遥感数据并利用去噪、采样、过滤等方法进行筛选整合成数据集；然后对数据集进行处理和分析，如利用线性和非线性等统计学方法分析数据并根据一定规则对数据集分类，并分析数据间及数据类别间的关系等；接着对分类后的数据进行数据挖掘，利用人工神经网络、决策树、云模型、深度学习等方法探索和发现数据间的内在联系、隐含信息、模式及知识；最后可视化这些模式及知识等，用一种直观的展示来方便用户理解，并将有关联的类别进行融合，方便分析和利用。

## （二）遥感大数据和广义遥感大数据的综合挖掘

遥感大数据是地物在遥感成像传感器下的多粒度、多方位和多层次的全面反映。一方面，它能与 GIS 数据等其他空间大数据有较好的互补关系；另一方面，广义的遥感大数据应该包含所有的非接触式的成像数据，此外，这些遥感大数据和广义遥感大数据的综合信息挖掘能揭示更多的地球知识和变化规律。

随着智慧城市在中国和全世界的推广以及视频架构网的完善，视频监控头作为一种特殊的遥感传感器在城市的智慧安防、智慧交通和智慧城管中有大量应用。2005 年国务院启动平安城市的计划，在 660 个城市装了 2200 多万个摄像头，大部分城市装了 25 ~ 60 万个摄像头，存储的数据达到 PB 级别。这些广义遥感时空大数据包含了丰富的信息，如果对这些数据进行信息挖掘，就可以从中发现地球上的一些精细尺度的变化规律，例如人类的生活和行为等。

然而这些广义遥感时空大数据，目前不仅存储费用昂贵，而且并不能得到很好的分析，无法发挥其在智慧城市中的作用，因此亟须寻求自动化的数据智能处理和挖掘的方法，发展对空间地理分布的视频数据进行时空数据挖掘的新理论和新算法。

时空分布的视频数据挖掘其目的不仅是进行智能的数据处理和信息提取，更重要的是通过时空分布的视频数据挖掘自动区分正常行为和异常行为的人、车、物，从而对海量的视频数据进行合适的处理，例如删除与人们正常活动有关的、需要保护的私隐活动数据，而保留包含可疑事件的数据。

时空数据挖掘指从时空数据中提取出隐含的、未知的、有用的信息及知识，时间维度和空间维度增加了其挖掘过程的复杂性。因此，时空数据的挖掘需要综合运用多种数据挖掘方法，如统计方法、聚类法、归纳法、云理论等。时空分布的视频数据挖掘的主要研究内容包括行为分析，基于时空视频序列的事件检测等内容。

## （三）遥感大数据挖掘的潜在应用

遥感大数据挖掘不仅能用于挖掘地球各种尺度的变化规律，而且能用于发现未知的，甚至与遥感本身不相关的知识，其中一个典型的应用是用夜光遥感技术发现夜光和战争之间的关系。例如，借助美国国家海洋和大气管理局免费公布的相关卫星数据，可以绘制出169个国家的夜光趋势图，通过统计分析得到全球夜光波动指数，发现每年夜光波动程度与当年全球发生武装冲突数量的相关度很高，相关系数达到0.7以上。如果利用数据挖掘的方法把所有国家按照夜光波动进行分级，夜光波动最大的一类国家，在近20年内发生战争的概率为80%，夜光波动较大或者极大的53个国家中，有30个遭受战争侵扰。因此，可以得出结论：夜光突然减少，一般情况下对应着战争爆发和因海啸等天灾造成的居民大规模迁徙；夜光突然增加，一般意味着战争结束以及战后、灾后重建。因此一个国家的夜光波动越大，说明在该段时间发生战争的可能性越大。

未来10年，我国遥感数据的种类和数量将飞速增长，对地观测的广度和深度快速发展，亟须开展遥感大数据的研究。然而，卫星上天和遥感数据的收集只是遥感对地观测的第一步，如何高效地处理和利用已有的和这些即将采集的海量多源异构遥感大数据，将遥感大数据转化成知识是主要的理论挑战和技术瓶颈。研究遥感大数据的自动分析和数据挖掘，能为突破这一瓶颈提供有效的方法，有望显著提高对遥感数据的利用效率，从而加强遥感在环境遥感、城市规划、地形图更新、精准农业、智慧城市等方面的应用效力。因此，重视和抓紧遥感大数据的研究不仅具有非常重要的学术价值，而且具有重要的现实意义。

# 第五节　面向大数据的空间数据挖掘

随着我国高新技术的不断发展，各个领域中更多地应用了先进的技术，特别是大数据技术的应用。在大数据时代的发展中，电子产品与电子商务网络引进了计算服务的平台，并且储存了很多的数据信息，对于信息资源的不断完善与健全信息不再是紧缺与匮乏的状态，这对人们生活水平质量的提高起到了很重要的作用。对于现代空间数据的储存量与评价值也逐渐增加，使用传统的人工分析的方式已经不能实现现代社会的发展需求，所以需要加强这方面的信息并引进先进的技术。本节主要针对大数据中的空间数据进行详细分析，并针对其中的挖掘技术进行严密的研讨，为以后数据信息的发展提供重要的参考依据。

目前，在国家整体经济不断发展的情况下，带动了人们生活水平的提高。对于国家各个行业的不断发展与完善，为科学技术的创新与完善奠定了良好的基础。社会经济的快速发展，实现了我国对经济发展的要求，目前我国经济、政治、文化的发展重要内容是空间的不断发展。科学技术的发展促使人们对社会的研究上升到空间的角度，目前我国的大数据时代逐渐地完善，空间数据的挖掘也成为未来发展的必然趋势，成为经济、政治、文化发展的重要前提。

所谓的大数据的使用与处理模式需要具有很强的决策能力与洞察能力，同时还需要对流程进行优化、提高增长率与信息资产的多样化的发展。目前很多企业单位与平台所产生的数据都具有很强的参考价值，需要我们不断地挖掘。对于信息的使用最大的特点就是时效性，因此对大数据的处理工作受到人们的广泛关注，但我们面临的主要问题就是企业与平台不能在科学、合理的时间内对数据进行整理、分析。

# 一、空间数据挖掘的特点

空间数据与普通的数据不同，它具有很强的复杂性与多样性，所以要求对空间数据的挖掘使用的方式、方法具有一定的特殊性。结合相关的资料参考对于空间数据的挖掘特点总结，根据其自身的特征进行分析主要包括以下几个方面：第一，对于空间数据的来源比较广泛，而且数量比较大，种类很丰富，数据信息的类型比较多，数据的表现形式也是多种多样比较复杂。第二，数据信息的依托方式具有很高的技术水平。一般情况下会使用空间搜索引擎对复杂的空间数据进行收集整理。对于空间数据的挖掘技术的定位也与普通的信息数据整理的方法不同，得到了很大的提高。所以空间数据的挖掘技术也与之前的传统技术所不同，具有很大的提高。第三，对空间数据的挖掘方法也是多种多样，根据不同领域的不同表现形式，使用的技术与范围具有很高的复杂程度，对于使用的技术方法也是随机应变，对于方法的选择需要结合不同领域的研究侧重点不同进行分析，选择合适的挖掘方法。第四，对于空间数据的挖掘过程需要依据多尺度与多维度的原则进行分析，随着国家社会多元化、复杂化的发展对于空间信息的整体要求，空间数据的挖掘方法也会各不相同。所以对不同领域的不同信息的综合分析，主要是由于不同类型的领域中的共同性所决定。

# 二、大数据下空间数据的价值

## （一）总体认知原貌

目前，大数据环境下的空间数据具有以下几种特点：复杂性、多样化与多维度等。这样可以有助于固有事物属性进行真实的表现，这样可以协助人类对整个世界的特征、实际情况有一个详细的了解与掌握。传统使用的方法主要是针对某一种事物或者单一的内容进行相关信息的收集、整理、分析，因此只是对这一方面比较了解，缺乏完整性，而且还会在认识上存在一些错误的信息。但是，在新时达大数据信息发达的状态下，收集到的数据信息可以全面地反映对某一事物的认识还有与其他事物之间的联系。这样可以对事物了解的更透彻。因此，要求这些信息需要更加的真实、准确，这样才能更好的展示这一事物最真实的一面，有助于人们更好的了解世界，为开拓世界奠定了坚实的基础，促进了社会的不断发展。

## （二）基础性资源

在大数据时代下空间数据的使用，具有很高的价值，可以作为社会资源发展的基础性条件也是社会全方面发展的重要推动。进入信息时代之后，社会的日常生活与工作都与数据之间建立了紧密的联系，这就与传统的生产与人力资本具有很大的不同。在社会经济不断发展的时代，空间数据起到了很重要的促进作用。与此同时，大数据信息的发展也对社会中企业与公共部门的经济效益具有直接的关系，它可以提高企业的生产效益与经营的效益，提高企业的竞争实力与创新能力。例如，能够将高新的三维数据技术与卫星的导航技术用在大数据信息的发展中，对基础信息资源的监理具有重要的作用，它可以对人们日常的出行、所处的地理位置、城市的规划等提供重要的信息资源。在信息资源中空间数据是其中重要的组成部分，大数据的空间数据发展能够为人们提供重要的参考价值。对于大量的空间数据一定要学会怎样去利用、怎样去挖掘其中巨大的价值，这些都值得人们深入地研究与探讨。

## （三）时空数据是大数据的基础

大数据具有很强的复杂性，所以使用传统的数据处理技术无法实现对大数据的充分利用。大数据中大部分的数据是来自空间数据，由于这些数据中的四分之三以上都属于空间的位置有直接的关系。随着我国高新技术的不断发展，对于计算机技术与网络空间信息技术的不断发展与普及，这些数据具有很强的时效性，而且会随着时间的变化而发生变化。由于这些数据具有客观的存在，所以人们对这些数据都附上了地理的编码与时间的标志，从这个角度考虑，时空数据不仅是组成大数据的重要组成部分，也是大数据组成的重要基础。所以，对时空数据资源的存储与处理技术就是对大数据的存储处理技术，只不过时空数据更多的是注重地学领域，而大数据包含了所有的方面。与传统的空间数据不同，时空数据要更加的复杂多样化。它根据研究对象随时间的发展而形成的变化轨迹，对研究对象的空间属性与时间的属性进行了详细地记录，也是一个动态变化的过程。具有很大的数据量变化，而且具有时变性的特征。目前这一技术的使用主要是在国家的国防、工业、交通、气象等领域。

# 三、大数据下的空间数据挖掘

## （一）基本的大数据技术

对于大数据时代下的空间数据的挖掘需要的最大的支持就是高新的技术手段。例如，在对数据信息的采集、存储、整理、表达等多方面的技术应用，这些都是对空间数据利用的基础，对于大数据的收集技术的使用主要是指对数据的获取方法。针对这些庞大的信息量怎样才能实现在最短的时间内完成存储的安全是非常重要的，可以运用相关的应用软件，建立一个大型的数据库存储使用，这样可以实现大量信息的安全存储，对于以后的管理也很便利。另外，使用处理技术，将这个大量信息中蕴含的数据价值进行充分的挖掘，以便被人们使用。在这个处理过程中，空间数据已经不是单纯的数据而是一种信息，然后将处理过的数据使用相关的技术进行充分的表达，这样就可以将潜在的信息充分地释放出来，为人们的使用提供重要的帮助。

## （二）发现空间知识

在对空间数据进行挖掘之后会得到更多的空间大数据，这些数据具有很大的价值，这些就是发现空间知识，这是经过对空间数据的处理得到的空间信息，在发展为空间知识的一个转变的过程。空间数据的挖掘技术主要是将空间的数据进行收集整理之后经过分析得到的空间知识，之后将这些知识与数据进行有效的结合使用，实现对数据的处理与决策。空间知识的特征就是具有很强的自学习性、自提升性、普遍性等，这样更容易被人们使用，是进行判断，采取决策的重要参考。如果这些空间的知识被人们广泛地使用，这样不管是生活的方式还是学习工作都会发生很大的变化，逐渐的精细与完善。可以实现对资源的有效使用，减少浪费的情况发生，提高人们的生活水平等，对人类与社会的发展都具有重要的推动作用。

## （三）萃取数据智能

所谓大数据的数据智能化是指将收集到的数据进行详细的分析、研究，从而得到更加全面、具体、新颖的知识来解决更多的问题。可以实现对问题的更灵活、有效、全面地解决，也是一种能力的表现。对于空间数据的智能化主要是根据感知的能力、广泛的互动与智能化单个方面组成的。三者之间相互合作，获取更多、能够广泛的数据信息，并通过目前的网络技术进行信息之间的传递与共享。再结合相应的方法和措施对数据进行深入的分析与挖掘。一部分会认为对于大数据的智能化就是将不同的数据信息与挖掘技术进行简单的结合，这种想法是错误的。空间数据的智能化是具有一个科学的组织机构与良好的运行系统，强大的综合功能针对某一个行业的系统智能化。对于某一个行业来说系统的结构越合理，行业内部之间的损耗就会越少，所产生的功效就会越大，整个系统的可用性就会更高。工作人员通过对大量的空间数据进行有效的使用与研究，可以使用更加高效的方法对其进行计算与分析，通过对各行各业的大量信息数据进行集中分析，得到与当前实际情况相吻合的信息资源，这样可以为解决现实问题提供很大的帮助。

## （四）空间数据挖掘的应用趋势及发展预测

通过对目前大数据时代下的空间数据的挖掘技术可以看出，当前社会市场经济的环境下需要这些资源与信息，但是空间数据还有很多的优势没有被人们发现与使用，一些特征的存在注定了在未来空间数据的发掘中还具有很大的发展空间。例如，针对多来源的空间数据的处理技术水平还存在问题，继续完善与全面，而且不能实现各个领域的全面适用。随着互联网技术的不断发展，空间数据的挖掘技术也得到了很大的提高，但是对于空间上存在的不确定性决定空间数据的挖掘还需要不断地深入。针对空间数据的挖掘特征与要求、现状的前提下，对空间数据的挖掘今后会是一个全面的发展领域。对空间数据的挖掘主要的目标就是有助于人们更加全面、详细、完整的了解社会的发展、环境的问题等，还可以帮助人们提高自己的知识面。总的来说大数据时代下的空间数据挖掘技术的发展重要目的就是为人类社会更好地发展。

随着目前数据信息时代的发展，对于大数据的应用为人们的生活带来了很大的便利，进一步推动了人类的不断发展。在世界逐渐的全球变化中需要分工协作与业务的综合效率。对于大数据时代的空间数据的挖掘需要我们更加深入的研究与分析，不断地使用先进的挖掘技术将更多的空间数据进行有效的发现。大数据技术的高速发展也为社会的发展带来了很大的机遇，它促进了市场的全面发展与产业的不断正规，对以后社会的变化具有重要的影响。

# 第四章　大数据与数据挖掘的创新研究

## 第一节　大数据下的 Web 数据集成与挖掘

进入 21 世纪，网络信息技术取得了较快的发展，一些以此为基础的新型服务业开始发展起来，而 Web 数据也迅猛增长。新时代下 Web 数据背后隐藏价值越来越受到关注，如何对 Web 数据进行集成和挖掘也面临着重大挑战。本节中，笔者介绍了 Web 数据的相关概念，并就其集成与挖掘方面面临的挑战进行了分析。

随着网络信息技术的快速发展，物联网、社交平台、Web2.0 等技术不断涌现，Web 数据迅猛增长，大数据成为时代的热点话题。在当前发展中，Web 数据主要呈现出两方面的特点：一是人们开始关注数据背后所隐藏的价值，并期望能够挖掘出这部分价值；二是大数据中隐藏着大量的虚假信息，而人们在利用和挖掘大数据背后的价值时就需要花费大量的时间来辨别数据的真伪。所以，如何进行 Web 数据的集成和挖掘就成了这个时代迫切需要解决的难题。

## 一、Web 数据相关概念

### （一）Web 数据集成和挖掘

Web 数据集成和挖掘是大数据应用中的一种，其中数据集成是数据挖掘的前提。Web 数据集成是指借助某一种辅助工具来进行数据的搜集，并将搜集到的数据按照一定的规范进行分类整理。数据挖掘则是在数据集成之后对数据进行分析，从而发现隐藏在数据背后的深层次信息。

### （二）Web 数据的特点

（1）Web 数据的来源极其广泛，不同来源的数据类型也就存在着差异，这同时也意味着数据类型多样化。这种来源广泛虽然在一定程度上保证了数据的"大"，但数据的质量就难以保证，需要后续分析加以甄别。

（2）Web 数据具有强实时联系的特点，网络化条件下信息传播速度快，所搜集到的数据也具有较强的时效性。

（3）Web 数据具有跨媒体关联的特点，它能够将来自不同媒体的数据集合到一块。按照数据挖掘的程度可以将 Web 数据分为 surface Web 和 deep Web，后者的挖掘深度比前者更深。deep Web 是指那些普通的搜索引擎无法发现的数据或者是引擎商不愿意去搜索的一些数据。

## 二、Web 数据分析的应用

大数据处理的关键环节就是数据分析，数据分析是指有目的地分析数据，并使这些数据能够构成有用的信息，数据分析能够挖掘出数据背后所隐藏的有价值的信息。当前，数据分析主要应用于以下几个领域。

### （一）自然语言处理上的应用

自然语言处理是指计算机对于人类语言的识别、分析，这种识别分析包括对语言句法的分析、语义的分析以及句子情感的分析等。在大数据兴起的背景下，Web 数据为自然语言处理提供了更加可靠的数据支撑，当然 Web 数据在今后的语言处理上的应用中也面临着诸多的挑战：包括未知语言的难以预测、新语言现象更新不及时以及无法很好地诠释语言中的文化内涵等。

### （二）社会化计算上的应用

社会化计算是一种科学，它能够对数据来源的广度和数据分析的深度产生重大影响，尤其是其在社交网络方面的应用，更是能够拓展 Web 数据来源。社会化计算的发展趋势是高效和高精准度，但是当前大数据背景下的社会化计算仍处于一个初级发展阶段，在今后仍面临着一些挑战。包括算法选择上的问题、软件可信度的问题以及不确定性问题等。

### （三）推荐系统上的应用

推荐系统是一种信息过滤机制，能够有效解决信息超载的问题，这种推荐系统能够根据用户的偏好来研究出用户和信息资源之间的联系，从而进行个性化计算。这种推荐系统包括基于知识、关联规则、内容等方面的推荐，它能够有效引导用户发现自己所需要的信息，进而满足自身的要求。

## 三、Web 数据集成和挖掘面临的挑战

Web 数据集成和挖掘虽然在部分领域得到了应用，但其今后的发展仍面临着一些挑战，主要集中在以下几个方面：

### （一）数据规模迅速增长

Web 大数据是人们在进行数据抽取和挖掘过程中面临着"海量"的数据，这些数据不仅仅量大，而且数据具有高度的复杂性，这就要求在数据挖掘过程中面临着更大的难度。另外，对于"海量"数据的储存也面临着重大挑战，这就要求数据库追求扩展性和系统可用性，以保证数据存储的效果。

### （二）数据类型多样

在当前大数据的背景下，数据类型也在发生着重要的变化，正在逐步由结构化向融合数据类型转变，这是传统的数据分析平台面临在又一个挑战。数据挖掘的关键环节是算法的弹性和有效性，然而当前的算法仅仅适用于常驻内存的小数据库，这种情况下大型数据库的数据难以同时导入到内存。因此，高效率的算法成为数据挖掘中面临的重要挑战。

### （三）时效性

数据规模增大以及数据类型的多样化都会导致数据处理的时间延长，然而当前时代对于数据挖掘提出了更高的时效性要求，甚至有些数据要求进行实时处理，以便更加及时地挖掘出其中有价值的信息。这种对于数据的实时处理，在数据流较小的情况下较为容易实现，而随着数据流的增大，而且数据环境复杂多变，这种对数据全貌的掌控就很难实现。因此，对于数据流技术的开发和应用是今后发展中的难题。

### （四）隐私保护存在隐患

随着网络社交平台的发展，人们日常生活中的各种信息和轨迹能够迅速在网络中传播，而 Web 数据的价值凸显使得一些不法分子开始关注这些数据，采用一些非法手段获取用户的数据信息，危害用户及整个国家的利益。所以，大数据时代下的隐私保护问题也是当前数据挖掘中不得不面对的问题。

网络信息技术的发展催生了 Web 大数据，这种大数据背后隐藏着巨大的价值，当前已经受到社会各界的关注。Web 数据在自然语言处理、社会化计算以及推荐系统上取得了初步的应用，但今后的发展中仍面临着重大挑战。在今后，面对多样的数据类型，海量的数据资源，如何通过更快的方法进行数据挖掘，以及在数据挖掘中怎样保护用户的隐私，这些都是大数据背景下需要解决的问题。虽然大数据已经不是全新的东西，但在今后的发展中仍旧面临中重大挑战。

# 第二节 电力营销大数据平台建设及数据挖掘

本节立足于电力营销信息化建设现状，挖掘数据联系性、地域差异、用户需求等方面存在的问题，在信息技术支持下构建大数据平台，为电力信息化建设提供平台支撑，最后阐述该平台的主要功能与运行方式，力求通过构建全面服务系统、开展智能营销服务等方式，促进营销信息的高效整合与电力企业的快速发展。

在信息时代背景下，传统电力运行模式无法满足新需求，各大电力企业为了实现可持续发展，陆续走上信息化建设之路。目前，电力营销信息化建设仍存在诸多问题，建设现状不容乐观，急需借助大数据技术构建新的框架，通过开展智能营销服务、提高平台安全性等方式，促进电气企业的稳健发展。

## 一、电力营销信息化建设现状

在信息时代背景下，电力企业与信息技术间的联系日益紧密，对大数据平台有着迫切需求，在利用大数据为用户提供服务时，在服务水平和能力等方面存在不足，主要体现在以下几个方面：

### （一）与数据联系不紧密

电力营销信息化建设是指利用大数据对客户需求进行挖掘，从而为客户提供针对性服务，为企业谋取更多的经济效益。但是，当前电力企业对大数据信息的挖掘深度仍然不足，数据应用是停留于表面，因此大数据的作用和优势难以得到充分发挥，由于电力营销与数据间的联系不够紧密，导致信息化建设道路受阻，建设成果不够理想。

### （二）地域差异较大

在电力营销信息化建设中，由于没有构建统一的数据库与联网系统，导致地域之间存在一定差异，部分区域的营销信息存在遗漏，部分区域的信息则较为完善，部分区域用户的营销需求较高，而有些区域用户的营销需求则不显著。在此基础上，各个区域间很难实现有效的沟通、竞争与合作，使地区间的交流受阻，一定程度上信息化发展步伐。

### （三）与实际需求不符

由于电力营销与大数据之间的联系不够紧密，导致用户需求难以得到充分满足，且信息的描述性差，难以满足用户的实际需求，一些电力营销问题无法得到彻底解决。此外，电力营销建设全过程缺乏统一数据库，数据间的交流和联系无法保障，很难详细描述客户需求，导致营销质量降低，与当前市场和客户的新需求不相适应。

## 二、大数据电力营销信息化建设的框架

### （一）框架结构

在电力营销信息化过程中，构建大数据平台显得十分必要，借助该平台对用户进行分析，可使其心理预期、实际需求、用电潜力等被准确地预测出来，为营销工作提供极大便利，还可附加一些相关产品，利用用户爱屋及乌的心理，达到营销目标。目前在大数据平台建设中，包括数据管理、安全、备份与恢复、网络层、操作系统、服务器等多个方面。

### （二）主要功能

用户可利用大数据平台对相关信息进行挖掘，该平台的功能众多，可使电力营销服务质量与管理效率得到显著提升，主要功能如下：

（1）预测用电负荷。以往的负荷预测是以相关历史数据为依据来实现，但由于不同地区的温差存在区别，且各个行业间的负荷特性不一致，很可能影响预测准确度。在大数据平台下，可准确预测企业短期内的用电负荷情况，使预测准确率得到显著提升；

（2）采集用电信息。在大数据平台中，对系统中的相关数据与外部数据进行分析，对停电和设备故障等情况开展探究，在此基础上制定合理有效的应对措施，以此来减少电量浪费等情况发生，还可使用电安全得到切实保障。在大数据平台中，可对用电异常情况及时进行处理，最大限度防止窃电情况发生；

（3）电费回收风险测评。主要对用户电费缴纳意向与能力进行综合测评，采用定性与定量相结合的方式，对电费回收风险进行评估。在大数据系统中，首先将用户档案信息提取出来，对用户历史信用、偿债能力、偿债意愿等进行分析，并对用户信用进行客观评估；

（4）用户服务分析。在该平台应用中，可对用户服务记录、档案信息、投诉情况、语音记录等进行分析，对用户的投诉意见、喜好、习惯等进行汇总，准确了解用户需求，为其提供针对性服务，从而使用户能够获得更好的体验，为新型营销与服务模式的构建与推广提供帮助。

## 三、大数据电力营销信息化建设的主要措施

### （一）构建全面服务系统

要想创新电力营销机制，可采取以下措施：①将省级95598客户平台集中起来，与地市级服务调度中心相结合建立一体化服务平台，实现企业统一调度，加强对相关信息的管理，使电力营销质量得到显著提升，获得更多客户的满意；②构建省级电力营销中心与监

控系统，对管理机制进行优化和完善，从而在地级市之间形成统一的管理体系；③构建省级电能检测中心，采用集约化管理模式，使电力资源实现集中监督、检定与配送，可对全部资产进行寿命管理，使用户获得更加良好的用电体验。

## （二）开展智能营销服务

在互联网基础上开展的智能营销服务是在大数据基础上进行的，对多种渠道的信息资源进行汇总，借助网络渠道为用户提供针对性的个性化服务。现阶段，电力企业开展的智能营销服务如下：

### 1.移动办公应用场景

在互联网移动办公方面，主要场景为审批业务。如若审批工作的负责人不在，带班人员便可实现在线审批，将审批单发送到营销系统之中，并与营销移动平台进行对接，由该平台负责将工单发送给相关负责人的智能终端中，待到审批工单完成后，再从智能终端将反馈传递给移动平台，与营销系统对接后，发送给相关工作人员。

### 2.互联网新型缴费方式

在智能营销服务中，互联网新型缴费方式的应用使电费缴纳效率得到显著提升，企业整体服务质量得到明显增强。目前，互联网与智能手机得到普及，用户可利用微信、支付宝、电e宝等在APP的电费缴纳界面手工输入用户号或者扫描电费单据上的二维码，即可进行电费充值。智能服务还包括网络支付功能，用户无须前往缴费点排队缴费，只需动动手指即可实现在线缴费。对于电力企业来说，不但有效节约人工成本的投入，还避免了许多人工支付存在的问题；对于广大用户来说也节省了排队的时间，由此可见大数据平台对营销信息化建设具有极大的促进作用。

## （三）促进电力资源高效整合

在大数据环境下，电力营销信息化建设应结合企业实际情况，充分发挥信息技术的作用与优势，确保营销方案实用可行，为用户提供更加优质的服务。对此，应注重电力资源的整合与利用，利用服务器对大数据进行存储和处理，通过多个渠道收集更多客户信息获取用户的真实用电需求，并做出反馈，为电力营销的信息化建设提供更多助力。在电力行业发展中，对数据信息进行统筹分配，促进信息与数据间的有机结合，帮助企业获取更多的市场最新信息，转变传统服务意识，提高企业竞争力。对此，企业应构建完善的信息平台，促进各类业务间的数据共享，并依靠稳定的系统有效规避突发因素产生的不良影响。

## （四）提高数据平台安全性

由于大数据平台具有较强的集成性，可为用户和市场提供更加精准的服务，尤其是在数据准确性、平台安全性等方面。对此，企业应注重安全管理工作的开展，强化数据管理者的培训力度，使其树立强烈的安全意识，从而对数据资源进行有效的安全管理，在系统中构建数据验证机制，注重用户信息的采集和验收；此外，对平台安全与内部环境进行维护，有效防止黑客病毒的攻击，以免数据被篡改或者丢失，使系统数据的控制水平不断增强，信息化管理模式更加完善，在较短的时间内建立系统化、规范化的电力信息管理体系。

综上所述，在大数据背景下，电力营销信息化建设已经成为大势所趋。对此，电力企业应树立长远的发展眼光，通过构建全面服务系统、开展智能营销服务等方式，使企业核心竞争力得到显著提升，从而创造更多的经济效益。

## 第三节 面向大社交数据的深度分析与挖掘

互联网在当今社会各个领域都实现了广泛普及，而且其发展速度非常迅速，网络资源数据容量在快速扩张，大数据所带来的时代变革引起了各国政府的高度重视。在信息技术快速进步的前提下，互联网、物联网以及云计算的技术发展非常迅速，以文本、图像、视音频为主的各类网络大数据增长速度非常惊人，这也标示着我国已经正式进入了以大数据为主的三次工业革命时代。大数据已经成了当今世界技术创新、核心竞争力以及生产力提升的前沿科技。

### 一、大数据带来的机遇

（1）对于当前国家的信息产业以及科学技术发展来说，大数据的研究已经成了其重要的支撑点。网络媒体在当今社会的快速普及，拥有庞大群体的公众在参与网络活动的过程中产生了大量网络数据，这就使得在金融服务、医疗卫生、社会生活的各个层面有大量数据需要进行表达。因此政府部门只有在针对上述各种数据进行及时准确地获取，并进行精确处理之后最终得到正确的信息，才能够及时的发现存在的各种民生问题，从而在此基础上才能够制定出更加符合时代发展、人民生活需求的决策。

（2）随着互联网经济时代的来临，大数据技术的掌握程度也决定了其经济发展的水平。海量的网络数据中往往都含有非常丰富的个人信息以及个人实际需求等相关的信息，只有在建立起智能化的服务系统之后，才能将各项网络数据的具体内容转化为可利用的有效信息，在此基础上，政府部门就能够进一步提升经济战略部署以及公共服务水平。

### 二、大数据研究面临的科学挑战

#### （一）网络大数据语义理解和分析

网络大数据目前主要是以文本、图像、视音频等作为主要载体形式。用户充分利用谷歌以及百度等常规的搜索引擎就完全能够快速地查找到自己所需要的个人信息，而优酷网等一些平台能够为客户提供大量的视频数据。另外，Facebook、新浪微博以及微信等一些社交网络平台能够为广大用户提供丰富的图像、视频数据。随着数据量的不断增加，有时也带来了数据存储、检索、管理等多个方面的问题。谷歌、百度等一些具有商业性质的搜索引擎主要是建立在网络数据模式下的文本检索；但是在网络大数据快速发展的形势下，大部分的数据都严重缺乏文本描述，因此就必须要充分利用合理的算法来实现对各种数据的分析，并实现对可视化以及音频内容的理解，但是在现在完全文本化的技术水平下很难实现良好应用，所以必须要充分利用网络大数据的语义来对此进行全面的分析。

## （二）社交网络大数据的群体行为分析与挖掘

随着社交网络的快速发展，使得人们的生态生活逐步形成了网络化、数字化、虚拟化的环境，在此基础上也让人们拥有了从未有过的高度信息知识产权，也进一步促使社会的信息化水平达到了一个全新的高度。在社交网络快速发展的同时，不仅让人们的信息交流需求得到进一步释放，也使得网络信息产生了社会化、内容碎片化的问题。而信息的传播也体现出了更加强烈的网络化特征，在这种形势下，网络信息环境要想实现科学化管理和合理化的应用就具有了一定难度。目前来说，人们并没有对社交网络模式下的群体行为方式进行充分掌握和深刻的理解，从而使得当前社交网络中信息出现了可靠性的问题，信息的传播也存在不可预测的现象，而群体行为本身具有不可控的性质，导致社会数据大量出现的同时，人们对于社会数据缺乏基本的了解。在针对社交网络结构的具体演化过程以及产生群体行为的原动力及其本质进行深入研究分析，不仅能够全面促进社交网络管理实现科学化，而且也能够对网络环境的文明理性发展起到积极的促进作用。

## （三）网络大数据的多维分析与可视化

当今时代网络媒体发展非常迅速，各种新闻、微博、论坛等新媒体平台的发展呈现出了不可阻挡的势头，由此也产生了海量的媒体内容。但是在当今的媒体形势下，往往采用的是简单的罗列来实现对媒体信息的展示。　例如，当前一些主流的搜索引擎往往是将各种搜索的结果按照一定的数据来进行简单排列，而大多数新媒体网站也主要是通过人工方式将新闻主页按照不同的区块进行编辑，而不同的媒体信息之间基本处于单一和孤立的状态，因此在实际浏览的过程中，整体效率非常低下，并不能满足当今时代下网络大数据实际的呈现需求。由于上述几种问题的存在，使得人们并不能够实现对网络热点信息的快速感知，因而也不能够对当前的网络热点信息进行全面、准确的了解。鉴于此，必须要针对当前的网络大数据聚合以及呈现等相关技术进行深入研究，这样才能从根本上进一步改善网络大数据的分析与理解，也能够让网络大数据的使用效率以及实际的使用效果得到进一步提升。

# 三、国内外研究现状和发展趋势分析

## （一）网络大数据的语义理解与分析技术

大数据语义分析技术的出现能够为网络大数据的理解提供更加充足的支持，也能够为各种大数据的实际应用奠定坚实基础。但是需要注意的是，随着当前网络中异构化数据产生的速度不断提升，导致数据本身的媒体形式更加复杂，如何能够实现对海量异构媒体信息的有效识别就成了当前需要重点研究的话题之一。领域自适应算法主要是针对某一个目标领域视频数量相对比较有限的条件下，充分利用该领域已经形成的模型来最终构建起该目标领域的模型。但是，在这种模式下还必须要面对如何能够实现对信用模型的合理应用并顺利的建立起目标领域的模型。

在针对当前国内外主要发展现状进行分析之后可以发现，社交网络在具体研究过程中还存在着下面一些问题：

（1）目前人们主要是从宏观的层面来针对网络结构进行分析，而网络结构的微观变化则很少有人进行关注；

（2）对于社交网络来说，其主要是通过传染病模型来建立起信息传播模型，但是并没有在信息传播过程中将用户的个人角色、心理因素以及不确定性等相关因素进行充分考虑；

（3）在实际针对涉及网络影响力进行分析的过程中，通常情况下都是针对网络节点的全局影响力进行分析，而对这种影响力的多样性则往往选择忽略。

## （二）网络信息聚合与呈现技术

多层次多维度的信息聚合与呈现技术主要是针对多源异构数据的统一性表示进行研究，其关注的重点在于多元动态信息聚合以及管理，并针对当前的网络热点事件进行深度挖掘，并将其呈现给用户。针对这两个方面目前已经开展的多项的研究内容，要想实现对网络热点事件的全面掌握，人们就必须要从多个角度对整个事件进行全面分析，在这种情形下就必须要将整个时间完整地呈现给用户。现有的方法大多基于数据可视化的策略进行信息呈现。

虽然目前人们已经针对上述内容展开了大量的研究，但是在整个领域的发展过程中还有一些关键性的技术必须进行深入探讨，而这些技术主要包括以下几个方面：

（1）异构媒体信息的语义关联。其主要内容关联整体方式相对比较单一，因此很难适应当前在网络事件深度挖掘实际需求，目前大量应用的数据挖掘都是建立在物理链接的基础上，而这种挖掘方式在很大程度上对各种潜在因素的关联并没有给予高度重视，这样就会导致针对网络事件的挖掘缺乏全面性。

（2）网络事件挖掘。网络事件的挖掘目前主要是建立在搜索的方式之上，其主要利用的是网络数据在某种形式上存在着相似度，通过对数据相似度进行匹配并实现排序来进行搜索，但是在这个过程中并没有对网络事件背后潜在的语义结构进行充分考虑。

（3）媒体内容呈现。媒体内容也往往是以单一的平台网络数据形式来展开对数据的分析，在不同的平台之间或者是异质媒体之间并没有实现对网络事件的协同呈现。

近几年来，我国社交网络媒体的发展非常迅速，从而使得用户数据量在不断攀升，为了能够实现这个社交媒体网络大数据的深度挖掘，并在此基础上为社会网络的发展带来机遇。在未来涉及网络数据的深度分析与发展过程中进一步强化研究，这样才能让网络信息的管理以及实际的应用水平得到有效提升。

# 第四节　挖掘医药大数据

医药大数据能够有效帮助研发人员发现新药，并加快研发进程。但是目前，我国医药大数据的发展却明显落后于很多其他领域

当前，大数据在医药研发以及生产工艺改进等方面的发展可谓突飞猛进。基于对海量数据信息的利用，通过多角度、深层次的数据分析，以及动态直观的呈现方式，医药大数据能够有效帮助研发人员发现新药，并加快研发进程，可以使医药企业节约成本，增强患者安全，控制风险，提高临床试验效率。但是目前，我国医药大数据的发展却明显落后于其他许多领域。制药业在有针对性的利用医药大数据进行医药研发的同时，还应善于积累和运用自动化工具收集、统计和分析有关数据，挖掘数据中蕴藏的情报价值，以有效地提高收益能力，赢得良好的社会效益。

## 一、医药大数据的重要意义

人类进入后基因组时代以来，随着分子生物学、结构生物学、计算机科学及信息科学的发展，药物研发也进入了一个革命性变化的新时代，理性药物设计成为药物发现的主要方法。其中最为重要的途径是计算机辅助药物设计（Computer-Aided Drug Design，CADD）、分子模拟（Molecular Simulations）与数据挖掘（Data Mining）方法的发展与大规模应用。当前，基于超算和云计算的药物设计平台、分子模拟平台和大数据挖掘平台正在广泛建立，以加速新药研究的速度和在原子尺度研究药物作用机理。

在大数据与传统产业广泛而深入融合，从而推动传统产业大规模转型升级的时代，新药研发、医药生产质量控制和工艺改进，以及供应链管理、市场营销收益管理与企业品牌建设等方面，大数据技术应用在全球范围内得到高度重视。同时，"大数据 + 健康"融合而成的新的大健康领域给大数据的发展带来了巨大的空间。

一般来说，对大数据战略意义的理解分为以下两点，一是掌握海量有意义的数据资料，二是对这些有意义的数据资料进行专业化的有效处理。在大数据时代，医药研发对数据信息的利用当然也不再局限于传统的数据、文献查询，而是可以通过多角度、海量的数据分析，动态直观的呈现方式，帮助研发人员发现新药、提供决策支持、加快研发进程。

那么，新药研发或中药分子机制研究的大数据是什么？用比较时髦的话来讲，药物研发中的大数据是近百万针对众多生物靶点的活性化合物及数据，以及目前超过一万个活性类药小分子与其生物受体的 X 射线晶体衍射数据。同时，随着科学的发展与时间推移，数据产生的速度越来越快，井喷的数据终将完成从量变到质变的过程，从而带给药物研发革命性的转变。

中国统计信息服务中心大数据实验室副主任江潮指出，通过大数据采集和挖掘，医药企业可以拓宽市场调研数据的广度和深度，并通过大数据模型分析，掌握医药行业市场构成及变化趋势、细分市场的特征、消费者需求和竞争者经营状况等众多因素，并可对未来的市场做出一定的预测，针对性和个性化设定产品的市场定位。

我们知道，分子因为有可旋转的化学键而具有柔性，结果便造成了一个分子在不同条件下有非常多的三维空间形状，这称为构象（conformation）。而药物分子设计的关键点就是，要确定配体/药物（ligand/drug）与靶标（target）互相作用时，所采取的构象（称为活性构象）。可配体或靶标都可能有成千上万种构象，它们的复合物所需的"活性构象"如沧海一粟，极为难以找寻。而大数据运用则为寻找到这"沧海"的"一粟"提供了可能。

英国癌症研究中心的相关研究者 Bissan Al-Lazikani 就表示，基于大数据与有关技术以助力科学家们进行预测并且设计实验，可以帮助研究者们利用可靠的数据来进行更有价值的病症研究。如今研究者通过寻找到和错误基因或蛋白相关的所有信息，可以更加清楚地理解是否一种新药可以正常发挥作用，尽管这些数据异常庞大且分散。

据了解，英国癌症研究中心的 canSAR 数据库计划在不久前，通过加入错误蛋白的3D 结构，以及绘制癌症交流的图谱，将可鉴别错误癌症细胞表面的缺点，从而为开发特殊药物来阻断癌症提供了思路，而且也将帮助研究者鉴别肿瘤细胞内部的交流线路，从而为开发新型癌症个体化疗法带来行之有效的帮助。

制药企业往往可以利用预测模型，根据患者的基因、疾病和生活方式，评估特定药物是否适用于该患者，这种分析也考虑到了可能危及患者生命的风险因素。而基于药物开发大数据分析，制药业更进一步，推出了专门面向一些疾病，如心血管和神经变性等疾病疗法的程序，依靠目标明确的个性化疗法，患者将不会再服用无助于改善病情的药物。

临床方面，利用大数据和预测分析，医药企业可以进行有效的临床试验。挑选出来参与试验的患者能够符合通过多个数据库发现的某些先决条件，研究人员也可以实时监控患者的情况。

在临床试验开始前，大数据还有助于预测特定化合物的副作用，特别是有方法可以预测化合物的药物毒性。以前，等到人体试验发现毒性的时候，可能为时已晚。如现在有了能分析 48 种药物特征的 Proctor 方法，不仅能挽救健康损失，还能节约时间和资金。

大数据对于中医药研究开发具有更加特别而重大的意义。历经数百年甚至数千年的实际使用经验，中华医药对于诸多种疾病的治疗效果明显，对病患的康复益处良多。例如复方苦参注射液（CKI），在国内被批准用于治疗各种癌症肿瘤，通常作为西医化疗的一种辅助。可是他们是如何起作用的，目前绝大多数都尚未搞清楚。

中药的分子机理研究受困于高度复杂的生物系统以及复杂的中药成分，同时，中药的分子机制缺乏不能将中药复方中的有害成分剔除以减少毒副作用，也限制了中药有效成分的进一步优化设计。

而如今，基于大数据技术，比较中药具体成分与有关已知靶点的活性分子的相似性，就有可能揭示中药成分起作用的分子机制。我们知道，化学上存在着一个极其浅显的经验规则——相似相溶，这一概念亦可推广到药物分子，虽然药物与其受体的作用要复杂得多，拓扑药效团可以很好地描述类药分子与生物靶点相互作用的相似性。

中药方剂，也就是古代的古方，多出自医书、典籍，是制作中成药的源头。中成药与中药方剂有着千丝万缕的联系，但是因为时间久远，现在很多药品研发者已经找不到或者记不得某些中药方剂的出处。但是现在运用大数据手段，很容易就能找出中成药对应的中药方剂，从而为相关中医药研究开发拓展巨大的空间。

## ■ 二、医药数据库资源的开发利用

基于大数据及相关技术，可以在系统层面上看到药物分子与许多靶标相互作用的新现象、新规律。但是目前，我国医药大数据的发展却明显落后于很多其他领域，还仅局限在以临床医疗和保健方面的应用为主。

江潮表示，医药企业采用大数据技术解决实际问题，还缺乏有效的技术方案和应用模式，很多其他领域的成功经验在医药大数据领域不一定可行，也没有得到很好的借鉴。尤其是，医药健康行业内的资源整合度低，数据壁垒严重，企业间以及上下游关联企业的数据合作困难，导致大数据实施成本高昂，甚至因壁垒太高无法进行。

制药企业面对成百上千个项目，首先要做的就是进行立项调研，在通过各种途径了解到相关靶点 / 技术 / 疾病现状后，可以有针对性地利用医药数据库进行相关信息检索，为其有关项目提供决策。数据库主要分为原始文献 / 专利数据库和基于前者加工整理的综合数据库两类。

眼下，国外的医药数据库繁多，主流的有睿唯安（Clarivate Analytics（Cortellis、Integrity…））、IMS Health（与 Quintiles 合并后改名为 IQVIA）、Evaluate 等，各数据库均有其特点和重点关注领域。

在查询相关信息之前，需要明确对哪个靶点 / 疾病进行立项，这通常来自于研发立项部门 Leader 们或客户要求时的初步决策。最近科睿唯安开发的 Drug Research Advisor（DRA）

Target Druggability 数据库利用已整理的数据来对疾病—靶点—药物进行关联分类 / 排序，从而可以在数据库中预测潜在成药性的 first-inclass 类或新适应证开发的靶点。

英国癌症研究中心的 canSAR 数据库利用大数据方法来构建详细的图片，有助于阐明主要已知的人类分子的行为及作用机制。该数据库中整理了几十亿的实验性测定数据，可以绘制出一百万种药物及多种人类的蛋白化学物质，同时还将遗传信息数据同临床试验结果进行了完美的结合。而最新的相关研究极大地增强了该数据库的内容，以帮助研究者筛选可以用来开发新型癌症药物的最优可能的潜在靶点，并且帮助科学家们开发更加快速且有效的创新性药物。

医药企业还得关注研究领域已上市药物的治疗 / 销售情况、潜在新药和未来仿制药物的竞争情况。相关商业数据库如 IQVIA、GlobalData、Evaluate Group 等很需要关注，其数据主要来源于公司年报或者根据治疗费用和患病人群以及市场份额竞争来预测药物或疾病领域的销售额。

不过，国外医药数据库价格昂贵，且是全英文的，针对国内医药产业现状有点水土不服，特别是，国内以仿制药为主，从头原研企业较少。而由于国外医药数据库的这一系列问题，国内医药数据库得以快速发展。

国内医药数据库主要被应用于项目立项、市场调查、竞品分析、专利情报、临床试验及仿制药一致性评价等信息查询。国内目前的主流数据库有 7 家，见表格所示。

2006 年 10 月，丁香园药学数据库上线；2009 年，药智数据 / 咸达医药数据库上线；2013 年 Insight、药渡数据、医药魔方上线……眼下，国内医药数据库可以说也进入了竞争时代，相互竞争促进了医药信息行业、制药和医疗健康行业的快速发展。尽管各医药数据库均有其自己特色，综合型、研发型、市场型数据库。但是，相比于国外一流数据库，国内医药数据库还有不小的差距，因此在技术和数据方面还需要不断努力。

## 三、医药大数据的挑战

药物创新领域的大数据主要来源于高通量实验、高效能模拟计算、信息化、科技出版物和专利文献 4 个方面。同时，医院临床数据、公共卫生数据和移动医疗健康数据等各数据端口呈现出多样化且快速增长的发展趋势，极大地丰富了制药和医疗健康大数据。电子数据流把制药业的方方面面联系在一起，不管是患者随访、电子病历还是有关的研发。

特别值得一提的是，通过数字 APP、可穿戴监控设备和其他电子设备，可以使制药企业获得关于患者和消费者情况的即时反馈，实时了解患者的健康状况，从而掌握关于消费者的第一手资料，以推动药物研发进度的加快，同时增强患者安全，控制风险。

制药公司之间也可以相互合作，共享创新和数据。此外，制药公司现在还可以利用大数据，与供应商、保险公司、数据管理公司以及非本公司的科学家进行合作，共享信息，以扩大其数据库，用于未来的临床试验和预测模型。而医药公司之外的科学家，可以向这家公司提交他们关于某化合物的发现，用于分析和试验。

医药大数据在迅速发展的征途上也面临着一系列挑战，诸如存储、标引／标注和质控、可视化、数据挖掘和计算复杂度，等等问题。医药专家表示，这些问题可以通过在超算和云服务技术的支持下发展并行计算方法而逐渐得到解决。

从离散、不完备且信噪比低的大数据中难以找到物质活性与结构之间的连续函数关系，贝叶斯学习机及其与支持向量机、决策树技术的组合是大数据挖掘的发展方向。大数据既是科学实验通量化和社会信息化的结果又是其发展原因，因此应正确解决大数据挖掘问题是提高药物创新效率的核心。

当然，大数据应用，其真正的核心在于挖掘数据中蕴藏的情报价值，而不仅是数据计算。只要医药行业企业平时善于积累和运用自动化工具收集、挖掘、统计和分析这些数据，为我所用，都会有效地帮助自己提高市场竞争力和收益能力，赢得良好的效益。

如今，随着网络论坛、评论版、博客、微博、微信、点评网及电商平台等媒介在 PC 端和移动端的创新和发展，公众分享信息变得更加便捷自由，成千上亿的"网络评论"形成了交互性大数据，其中蕴藏了巨大的医药行业需求开发价值。

作为医药行业企业，如果能对网上医药行业的评论数据进行收集，建立网评大数据库，然后再利用分词、聚类、情感分析了解消费者的消费行为、价值趣向、评论中体现的新消费需求和企业产品质量问题，以此来改进和创新产品，量化产品价值，制订合理的价格及提高服务质量，将从中获取更大的收益。

尤得一提的是，可以自豪地说，除了中华民族，世界上没有任何一个民族为子孙后代留下如此庞大的、可直接采用的大数据医学遗产，中医药历史上从来就不缺乏大数据的身影，而且中医药的一个典型特征就是数据量大。

《黄帝内经》以生命为中心，重点论述了脏腑、经络、病因、病机、治疗原则以及针灸等多个方面内容，同时涉及了天文、地理、心理、社会、哲学、历史等多个学科，是一部名副其实的大数据著作。唐《新修本草》博采众长，整理和记载数据量大，记载药物多达 844 种，不仅内容丰富，而且实用性强，全书图文并茂，很好地体现了大数据、多中心的资料整理方式。中医方剂学著作《普济方》的问世是大数据在中医史上的又一次有效应用。它载方达 61739 首，除收录明以前各家方书以外，还收集很多其他方面的材料，如传记、杂志等。内容包括总论、脏腑身形、伤寒杂病、外科、妇科、儿科、针灸等多个学科，且编写得十分详细，是现今我们研究中医十分宝贵的医学文献资料。

中医药大数据资料的有效运用当然远不止于此，在当代，基于大数据技术的不断深度开发和高效利用，必将有望使祖国医药大数据成为取之不尽用之不竭的宝贵资源！

# 第五节　教育大数据的数据挖掘分析及问题

随着大数据技术应用到民生领域的方方面面，教育领域更应全面开展数据挖掘尝试。本节从教育大数据挖掘操作流程的角度出发，结合教育挖掘实例，阐述了教育大数据的挖掘路线、关键技术、当前教育数据所面临的问题以及解决方案，并为教育信息系统的完善建设、数据标准规范、数据管理体制提出建议。

目前，我国教育大数据已在众多方向开展研究，文献从教育业务需求的角度，分析了教育数据层次模型以及挖掘过程；文献以教育大数据核心技术为切入点，阐述教育数据分析主要应用技术的发展现状以及与教学、教育规律、精准管理的结合点；文献从教师信息能力的方向，探索教师信息化应用发展规划；文献选择特定的教师或学生群体，进行群体基本特征或特定行为（如社交网络）的分析，了解群体现状，便于制定具有针对性的培养或管理方案。

本节从教育大数据关联群体的应用服务角度，研究教育大数据分析流程，以及各流程环节中涉及的核心数据挖掘技术，根据当前教育信息系统，分析数据挖掘中遇到的数据问题，并结合数据分析需求为教育信息系统的完善建设、数据标准规范、数据管理体制提出建议。

## 一、教育大数据主要服务群体

教育数据服务于教师、学生、教育管理者、家长及教育研究者，也来源于服务对象。其来源主要包括两个方面：一方面是服务对象在教育的过程中直接产生的数据，如学生基本信息、考试成绩、课堂情况等，教师的课堂行为、备课情况、评价等，家长的家校互动信息等，教育管理者的教育管理、评估等；另一方面是教育过程中的间接数据，就是对原数据进行加工并赋予意义的数据，如学校的成绩排名、及格率、优良率等。整体来说，教育大数据指整个教育活动过程中所产生的以及根据教育需要采集到的，一切用于教育发展并可创造巨大潜在价值的数据集合。

教育大数据对于学生来说，可清晰呈现学生的学习能力偏重、优势学科、擅长领域，便于学生全方位了解自身学习现状，合理规划学习侧重；对教师来说，通过大数据分析可了解到每个学校、每个学生的潜力和需求，根据每个学生学习的方式和学习的内容，对学生采取个性化的教学内容、教学服务以及教学方式；对家长来说，可根据大数据获知孩子在校的学习情况、心理健康状况等，及时发现问题，给予关爱和辅导；对教育管理者来说，可对教师专业发展情况进行分析，总结教师的教学优势和不足，对教师开展有针对性的培训，促进教师专业发展；对教育研究者来说，可从全局的角度把握当前教育的现状、问题，促使教育决策制定得更加精确与科学，以数据驱动将教育决策从经验型、粗放型向精细化、智能化转变。

## ■ 二、教育大数据分析流程

教育数据来源多样、应用不同，其分析挖掘不仅需要数据分析专业人员，还需要教育行业人员的有效参与。教育人员提供数据挖掘需求及教育业务应用意义，数据分析人员提供数据挖掘方法支持，通过双方沟通明确挖掘的目的，以此做到有的放矢开展分析服务。整体来说教育大数据分析流程涉及样本选择、评估指标确定、梳理相关影响因子、样本数据筛选、清洗检验是否符合挖掘需求、试挖掘（运用回归算法、分类算法、聚类算法、关联算法等）、挖掘结果的其他基本性质的属性分析，最后，将数据以可视化的形式展现，并解释数据分析结果所代表的含义，便于后续评估、干预等。数据分析挖掘是一个迭代过程，可能在挖掘出的结果中发现新的需求，从而再进一步更新挖掘的结果关联挖掘。

### （一）需求确定

在教育大数据挖掘启动前，首先要确认为什么要挖掘，是因为教育现状出现问题，还是需要提升或改革现有教育服务模式等，这个过程非常重要，既包含对教育现状的调研，又涉及教育未来需求的思考，所以其是数据挖掘的驱动力。然后确认要挖掘什么，即想要通过数据挖掘得到什么样的数据结果，是影响教师的专业发展、学生群体学业质量的因素，还是了解教师、学生个体的发展轨迹，本过程是数据价值的最终体现。最后，根据需求所关注的点，安排参与数据挖掘的人员，从教育业务方面，可安排了解需求业务的教师或教研人员以及相关业务信息系统开发人员，与数据分析人员共同组成团队。

### （二）样本选择

结果再分析主要针对聚类分析的结果，用于观察不同群体的其他属性，比如群体分为学习成绩好的学生、学习成绩一般的学生，再对这两个级别的群体其他属性参数进行统计分析，比如学生年龄、课堂行为、性格特征等方面的占比，借此分析哪些因素可能是影响学业成绩的主要因子，并可进行下一轮的数据挖掘，分析相关性等，使分析结果更加清晰化。

### （三）评估指标确定

本节所叙述的评估指标，不是指评价挖掘算法的指标，如正确率、错误率、灵敏率、精度等，而是指哪些数据参数可进行深度挖掘，即哪些参数能用于评估挖掘需求的度量标准。评估指标的确认是数据挖掘的切入点，即从哪个角度进行数据挖掘，是挖掘需求与现实信息数据对应的过程。在教育领域，对教师的评估指标可涉及教师的教学质量排名变化、教师自身的专业发展水平等方面，对学生的评估指标可涉及学业成绩变化等方面，对教育管理者，可涉及区域学业发展均衡程度等方面。评估指标的数据信息一般不从样本数据直接获取，可通过统计计算或初步数据分析得到。

### （四）影响因子梳理

影响因子根据评估指标进行梳理，评估指标不同所涉及的影响因子不同，但影响因子是被包含在样本数据中的，可直接从样本数据中获取，一般为样本人员的基本特性、行为等属性参数。影响因子前期的梳理一般是评估指标所涉及属性的最大集合，后期可根据分析结果确认主影响因子。如在学生学业成绩评估的要求下，影响因子可涉及学生课堂行为、体育评测、兴趣特长等；在教师教学质量水平评估的要求下，影响因子涉及教师学历、职称、教龄、培训课程、课堂类型等。

### （五）数据筛选与清洗

根据样本从各教育信息系统中抽取数据，并存放在新建的数据沙箱中，为下一步的数据清洗做好前期准备。数据的筛选抽取工作是为了避免数据分析过程中原信息系统数据的丢失，保障在数据分析过程中以及完成后原信息系统都能正常工作。

数据清洗工作在数据沙箱中完成，数据清洗的第一步是数据质量分析，根据业务流程判断数据是否完整、是否规范、是否具有连续性等；然后根据质量分析的结果，对筛选出的数据进行数据补充、数据修正、数据删除等系列操作，保证数据达到数据分析的基本要求。而对于教育信息系统来说，在清洗的过程中还要确定可连接多信息系统的关键属性。

### （六）数据试挖掘

数据挖掘是指从大量的数据中，通过统计学、人工智能、机器学习等方法，挖掘出未知的且有价值的信息和知识的过程，即数据挖掘包含统计分析和算法分析两个部分。

教育大数据试挖掘的统计分析，包括群体的基础属性统计分析和相关分析等。群体基础属性统计分析可帮助全面了解群体特征。包括教师、学生的个人信息属性统计分析，如年龄、性别、职称、学业成绩排名、职业专业发展情况统计、区（校）成绩水平、优势学科及考查知识模块等情况。相关分析主要是用于研究两个不同系统或属性之间的关系，如教师的教学质量与其教学形式或培训课程的关系等，通过分析确定不同属性对不同群体的影响性。

对教育信息常使用的算法分析包括聚类分析、判别分析（分类分析）、回归分析等文献。聚类分析算法主要用在群体属性未知的情况下，通过聚类展现群体的不同级别，了解群体整体层次结构，以及人数占比，为后续进一步了解不同级别群体特征、制定具有针对性的教育培养方案提供数据支撑。判别分析（分类分析）是通过前期的数据记录和分析，确定不同群体的特征属性及其阈值，对新进个体进行类别判断时使用的分析算法。回归分析主要是进行预测，如学业成绩的整体趋势等。

## （七）结果再分析

数据挖掘的结果可选择多种呈现方式，就统计来说，一般为柱状图、曲线图、饼图、雷达图、箱形图等图表表现，算法分析呈现为散点图等。数据结果并不是数据挖掘的最终步骤，数据分析报告是数据挖掘的最终成果。在报告中，不仅需要对前面步骤的详细说明，还要对挖掘结果图表代表含义解释，让挖掘需求者能看懂、理解结果。

## （八）最终呈现形式

根据需求选择样本人群，再确定样本参数。其中样本人群在教师、学生的基础上，还包括区域（地域）、属性（空间）、年份（时间）等维度，这些维度由单个或多个条件组成。区域可包含全国、地域、集团、学校等，属性在教师方面可以是职称、学历、教龄、荣誉等，在学生方面包括成绩段、课堂表现等，年份可针对全学段贯通、某一学年、某一学段等。样本的参数确定是为分析样本人群的具体问题，需选择相关参数范围，如在教师方面，需要教师的相关参数有学历、教龄、职称、培训记录、所教学科以及所教授班级的学生情况、学业情况等。样本选择意义重大，选择需慎重，需要多方讨论，若选择不合理，直接造成分析结果失真，不能真实反映出教育的情况。

# 三、教育数据存在的问题及解决方案

## （一）信息系统孤岛

教育信息系统一般包括学生学业系统、家校互动、教师发展系统等系列业务系统，不同信息系统开发商不同，教育信息各自存储、管理，没有互联互通，且没有可连通的属性设置。如学生学业系统仅包含学生的相关信息，没有相关授课教师的信息数据，无法了解教师所教班级的学业成绩。解决这一问题可利用授权统一登录技术在教育各信息系统上层增加一个门户页面，并构建各系统信息连接对应表，从而实现各信息系统连接。

## （二）数据信息不完整

数据信息不完整体现在两个方面：一是有些关键属性没有数据，如学生性别、教师教授学科等；二是历史数据缺失，数据挖掘的关键是对历史数据的分析，但有些教育信息系统没有保留教学过程中的历史数据信息，如教师、学生只有当学年的基本信息，不包含历年教授（学习）的班级、学科等，这不利于对教师或学生做纵向追踪分析，以了解其整体发展过程。想要解决这个问题，首先要梳理出哪些属性是必要属性，系统页面输入功能更改设置，设定为必填项，并对历史数据进行补充。对于历史信息就需增加新的数据表进行数据采集、存储。

## （三）数据标准不规范

数据标准没有规范化，造成一个系统中一个信息属性采用多种存储形态，如学科语文，在数据库中存在形式可包括语文、11、语文11、初一语文等。数据标准不规范造成数据挖掘对数据属性判别不准确。因此数据采集的不规范需在系统上直接设置可选择的标准数据，避免其他违规操作，并对历史数据进行清洗，保证数据一致性。

## （四）数据管理混乱

区域（学校）的教育信息系统一般由系统开发商对数据进行管理，没有制定数据定期维护方案，且存在对数据更改随意现象，在领导对信息系统需求变动后，开发商没有整体分析其对业务流程、数据的影响，在没有对原数据备份的情况下，直接增、改、删相关功能模块及数据信息。如有些系统中保留了班级编码信息，但没有班级名称，而教师与班级的关联只有班级名称，这就造成了数据片断。

## 四、教育大数据发展建议

随着大数据和人工智能技术的不断成熟，教育全方位分析将逐步实现。技术将不再成为教育大数据挖掘的阻碍，数据本身将是核心、关键，如何建立完善的教育信息体系，实现对数据全维度的采集是各教育院所未来关注的重点。

通过详细梳理各教育业务系统流程及数据结构，结合教育全方位连通的思想，整体规划数据采集、存储和管理，建立数据治理机制，制定数据标准规范、质量评估指标、管理流程，设置专职数据管理人员，为教育大数据更好地发展提供前期机制和数据保障。

# 第六节　大数据环境下基于文本挖掘的审计数据

大数据的浪潮推动着审计技术的变革，给审计模式和审计方法都带来了巨大的改变。传统的审计数据分析方法不能对半结构化以及非结构化数据进行分析，也无法满足大数据环境下审计信息化发展的要求，亟须提出新的审计数据分析思路和方法。在此背景下，文章提出了基于文本挖掘的审计数据分析框架，并阐述了采集与存储、挖掘与分析、总结与发布详细的审计数据分析流程。通过利用文本挖掘技术对采集的非结构化原始审计数据进行挖掘，根据明确的审计需求建立不同的文本挖掘模型，对审计数据进行分析，进而发现审计疑点，最终形成可理解的审计证据和审计线索。该框架的构建旨在为大数据审计提供新的思路，以降低大数据审计风险，提高审计质量。

大数据引发了审计领域的创新和变革，海量的数据中结构化数据难以代表整体，非结构化数据已经成为大数据的关键组成部分。因此如何对这些非结构化数据进行分析是推动大数据审计开展的重要内容。我国当前在审计领域对非结构化数据还未形成全面系统研究，以文本挖掘为代表的数据挖掘技术在大数据审计中占有举足轻重的地位，它不再仅仅以结构化的审计数据为分析对象，可以深入地对大量非结构化数据进行挖掘分析和利用。所以本节提出了基于文本挖掘的审计数据分析框架，这将为大数据审计研究提供全新的分析思路。

## 一、文献综述

国外学者在研究大数据给审计带来的影响中讨论到，大数据能够改变和影响审计师所做出的决定和收集审计证据的方式。Gray et al 认为采用数据挖掘方法能提高审计程序的效率和有效性。国内学者对大数据审计的研究始于 2013 年，阮哈建等分析了大数据对财政审计、金融审计带来的挑战与机遇。吕劲松等提出并构建了金融审计数据分析平台，为金融审计提供了新的思路。秦荣生指出大数据环境下审计模式、审计观念、事物之间的关系将发生转变。之后，学者开始对大数据环境下审计技术方法进行研究，顾洪菲对大数据环境下的审计数据分析方法进行初步探索，提出了对 NoSQL、机器学习的需求。鲍朔望探讨了聚类分析、异常分析及演化分析等数据挖掘方法在政府采购中的运用。羌雨探索了 R 语言在大数据审计分析中的优势及可行性。国外学者提出的审计数据分析方法有聚类、随机森林、语言分析和粗糙集。

纵观国内外学者的研究，大部分研究主要还是局限于对结构化审计数据进行分析，在这种相对封闭的环境下研究了大数据对审计的影响以及具体的审计方法，并且大多研究着重于从大数据对审计的影响和审计技术方法这两个方面进行探讨。鲜有学者针对非结构化审计数据进行深入研究，而且也很少研究提出关于如何构建大数据环境下的审计数据分析框架，对于大数据审计还未形成完整的研究成果。所以，本节提出并构建大数据环境下基于文本挖掘的审计数据分析框架，研究该框架下文本挖掘的详细流程。

## 二、传统的审计数据分析

审计人员如何将采集的原始数据转化为审计证据，这将直接影响到审计目标的实现。从采集到获取证据的过程中，审计人员最应该关注的问题是能否挖掘出有价值的数据进行审计数据分析，这对审计项目的质量和审计成果的体现都起着重要的作用。所以，在审计工作中最关键的步骤是进行审计数据分析。

目前，审计人员在审计工作中经常采用的审计数据分析方法以及计算机辅助审计工具（CAATS）有账户分析、经济指标比率分析、趋势分析、统计分析、Excel 数据分析、Access、SQL、AO 审计软件等。Excel 数据分析和针对会计账表的审计软件被事务所熟用；SQL 语句查询、AO 审计以及审计数据采集与分析等审计软件常常被用于政府部门和事业单位的内部审计工作中；对于企业的内部审计，大型企业采用专门的审计平台或在 ERP 中嵌入内部审计模块，中小企业比较依赖 Excel 和 Access 进行审计数据分析。但大数据时代的来临，使得海量和多元异构的数据极大地拓展了大数据审计的范围，传统的审计方法和辅助审计工具已显得力不从心，其无法对非结构化数据进行采集和分析。

## 三、大数据环境下的审计数据分析

在国际数据公司（IDC）发布的一项报告中显示，企业中最多只有 5% 的数据为结构化数据，其余大都是非结构化数据，并且 88% 的企业管理者认为这些存储在数据库以外的非结构化数据，才是他们接触和了解企业的最佳选择目标。数据是审计分析的核心，采用文本挖掘技术对非结构化审计数据进行挖掘分析，将会给审计领域带来一个新的技术应用潮流。这将有助于审计人员在大数据模式下对被审计单位进行内部控制、舞弊识别、违法违规等方面的评估。

### （一）非结构化数据

顾名思义，非结构化数据没有固定的结构，不能通过一般的数据库二维逻辑表结构来表达，也不能将其标准化和完全数字化。非结构化数据按照格式可以分为文本节档、图片、音视频等。

### （二）审计数据分析范围

随着"云计算—物联网—大数据—智慧城市"的快速发展，数据信息将实现共享，数据量将以难以想象的速度爆发式增长。一方面，审计数据分析的对象将发生变化，审计对象不再局限于和被审计单位财务相关的信息，而被审计单位内部的规章制度、会议记录、合同、通知等非财务信息也将是审计的重点对象。因此与被审计单位相关的外部数据也显得尤为重要，比如新闻文章、股吧评论、论坛发布等。另一方面，海量的数据必然会产生多样的数据格式，审计数据类型从传统的结构化数据转向多元异构的大数据。审计范围的重点转为对非结构化的数据进行分析，可以全面有效地对被审计单位的内部控制、违法违规行为、重大经济决策等内容进行评估。

### （三）审计数据分析思维

审计数据分析思维由单一的"因果分析"模式向"因果分析与关联分析"共存的思维模式发生转变。因果分析是分析事件因和果这两者之间存在的必然关系，据因找果或者溯果撷因。然而，在海量的数据中，数据之间可能存在一因多果，或是一果多因的复杂关系，如果深入分析因果关系"为什么"和"是什么"需要耗费审计人员大量的时间和精力。所以，为了高效地开展审计工作，审计人员应该更加注重数据间的相关关系。若一种现象的发生通常伴随另一现象的出现，那么可以推断 A 和 B 经常是一起发生的，通过进一步对两者之间的相关关系进行仔细的研究，从而确定关联规则。经济学中最成功的营销案例——啤酒与尿布，就是把关联分析思想运用到大数据分析中的典型例子。同样在审计数据分析中运用相关关系分析的思维，挖掘审计数据之间的潜在关系，建立明确的关联规则，可以增加审计证据的效力。

### （四）审计数据分析技术方法

审计人员在审计工作中仍然运用抽样审计的方法显得较为保守。在大数据模式下开展审计数据分析工作，采用总体代替样本的方法更能反映数据的本质，使得审计数据分析的内容更加全面、质量更加可靠。"总体即样本"的方法可以规避由局部推算整体进行审计数据分析的局限性，避免抽样审计风险。随着舞弊手段日益复杂，各种虚假信息隐藏在海量的数据中，通过一般的审计方法和工具难以对其进行察觉。因此，审计人员需要运用新的审计技术和方法对隐蔽的信息进行挖掘。以文本挖掘为代表的数据挖掘技术可以帮助审计人员分析审计数据内部潜在的规律和本质，挖掘数据之间隐含的关系，分析异常数据。例如，与被审计单位相关的信息，可以从论坛、股吧等社交媒体网站中去挖掘网民和媒体发布的评论和报道，采用文本挖掘技术能有效地对这些信息进行挖掘整合，从而获得全面、实时的审计数据。

## 四、基于文本挖掘的审计数据分析框架

文本挖掘技术主要是针对非结构化知识进行挖掘，是大数据审计技术中不可或缺的部分。特别是随着大数据在审计领域的广泛推广和运用，文本挖掘技术对审计数据分析的重要性已逐步凸显。目前文本挖掘技术主要是应用于对文档、网页中蕴含的文字说明进行分析，对于如视频、图片、语音等数据进行挖掘时，也是从中提炼出主要内容并换为易于理解的文字描述。所以本节将以文本挖掘技术为重点对审计数据进行分析，构建基于文本挖掘的审计数据分析框架。

### （一）审计数据的采集及存储

审计人员首先应对被审计单位的基本情况进行深入了解，通过分析审计目标、审计范围、审计内容，确定具体的审计需求。根据明确的审计需求，采集与被审计单位相关的大量非结构化数据是进行审计数据分析的关键步骤。一方面，针对来自企业外部的数据能够通过采用网络爬虫技术和 API 等方式进行获取；另一方面，可以通过各种有效的数据访问接口对非结构化数据进行采集。

为了保证审计数据的完整性和真实性，需要建立严格和规范的制度，对采集到的非结构化数据进行科学安全的管理。通过构建 Hadoop 分布式框架的 HDFS 文件存储系统，集

中存储业务系统的非结构化审计数据，在此基础上，还需要搭建适用于存储非结构化数据的数据库——HBase。HBase 可以弥补 HDFS 没有随即读写操作功能的缺陷，其内部管理的文件全部存储在 HDFS 中。

构建基于 Hadoop 的分布式文件系统 HDFS、分布式数据库 HBase 以及分布式计算框架 MapReduce 组成的 Hadoop 生态系统，对非结构化数据进行统一管理。这种管理模式降低了审计数据管理风险，使各个平台的数据实现共享，打破了信息孤立的尴尬局面。

## （二）审计数据文本挖掘分析

### 1. 文本预处理

审计文本预处理的过程，需要对审计文本进行分词、删减停用词、特征抽取与选择等步骤。

（1）特征抽取。对审计文本进行预处理的第一步是根据审计需求，首先抽取出能够代表审计文本特征信息的词或者短语，要求获取的这些特征对审计文本的类别能起到区分和识别的作用。通过向量模型对审计文本的内容进行抽取，建立文本表示模型，将非结构审计文本转化为计算机能处理的表达形式。

（2）特征选择。根据明确的审计需求，优先采用对审计文本内容具有较强表达能力的特征。审计人员还需根据审计目的需要，对经过特征抽取的文本特征集采用卡方检验、TF-IDF 等特征选择方法进行进一步选取，在进行审计文本挖掘前避免垃圾数据，以此保证获取的数据能很好地表达审计文本信息的特征项。

### 2. 文本挖掘

文本挖掘是审计数据分析的核心内容，本阶段需要对经过清理和筛选出的文本数据根据不同的审计目标选择不同的文本挖掘方法（文本摘要、关联规则分析、文本分类、文本聚类等技术）进行挖掘分析，发现数据之间的异常关系，为审计疑点和线索提供有效的审计证据。

文本摘要，是指用极其简短的语言对文档的内容进行高度概括，从而达到完整清晰地传递文本主题思想的目的。将文本摘要技术运用在审计数据分析中，可以通过求取中心文档的方式对审计文本的摘要进行获取。文本摘要可以帮助审计人员通过方便地浏览方式和快速的审计线索查询方法来提高审计数据分析效率，不需要对审计文档的全部内容进行分析，只需获取审计文本摘要即可。

关联分析，关联分析技术在文本挖掘中主要针对知识进行关联。大量的审计文本信息之间本质上存在着潜在的知识关联，可以通过推理规则、知识检索、语义分析等技术来表示审计文本信息之间存在的这种关系，针对审计非结构化文本进行关联分析，研究审计文档之间可能存在的某种隐含的关系，从中获取审计事项和审计目标的本质联系。这是借助一般的审计数据分析方法和工具不能完成的任务。

文本分类，属于有监督的学习。首先，对文档的类别设定主题，根据主题对文本进行分类，将符合同一主题的文本作为相同的类别。通过对预先设定的文本类别进行描述，建立分类模型对训练文本进行分类训练和准确率评估，最后利用确定好的模型对测试样本进行分类。将文本分类技术运用到审计数据分析中，可以帮助审计师针对不同的审计需求和审计目的，对审计文本快速有效地进行分类，并结合相应的审计方法有针对性地开展审计数据分析工作。

文本聚类，聚类分析是基于同类文本之间文本差异最小化的思想，反之亦然。文本聚类的优势是无须进行监督学习，不需要通过训练进行模拟，属于无导师学习。由于一些难以发觉的信息以特殊的形式隐藏在大数据中，一般的审计数据分析方法很难挖掘出这些异常信息，而采用文本聚类的算法就能够弥补这个缺陷。这些异常信息往往是审计人员重点审查的对象，并可以对舞弊和违规行为的评估提供审计证据。对审计文本进行聚类后，可以按类别对每类文本进行具体的分析、比较和总结，分析异常数据存在的原因，大大减轻了审计人员进行审计数据分析的工作量。

### 3. 结果可视化

结果可视化的主要思想是将复杂的审计数据通过可供使用者所理解的方式表达出来。结果可视化可以把文本挖掘所获取的知识通过可视化的视觉符号（网络图、树状图、维恩图、坐标等）清晰地进行展示，审计人员可以根据审计目标和评估指标，对可视化的结果进行分析、解释和评价，从不同的角度对审计数据进行更加深入的观察和更加全面的多维分析。

## （三）总结和发布

总结和发布是审计数据分析流程的最终阶段。审计人员和技术人员共同将上一阶段可视化分析所展现的结果进行筛选、归类、整理和深入分析，总结出有价值和有效的审计知识进行标准化，形成审计经验和审计线索，供审计人员分析取证，最后对被审计单位做出相关的评价，得出审计结论。

大数据环境下的文本挖掘审计数据分析主要是借助文本挖掘技术进行审计数据分析。根据明确的审计需求，采集与被审计单位相关的原始审计数据进行预处理，通过建立不同的文本挖掘模型对审计数据进行分析，最后对可视化的结果进行分析和评价，为审计报告提供参考意见。如果文本挖掘的结果无法满足审计目的和审计需求，则需要分析审计过程中存在的问题，不能达到审计目的的原因以及该过程中存在的薄弱环节，比如是否需要考虑重新选择文本挖掘模型和参数。所以从开始采集原始数据到获取审计证据的审计数据分析过程不是一次性能够顺利完成的，而是需要通过不断总结和完善某些环节，达到预先设定的审计目标。

## 五、结论与展望

大数据环境下，为了给审计研究提供新的思路和审计运用提供新的方法，本节从审计数据分析工作实际需要的角度出发，提出了基于文本挖掘的审计数据分析框架。该框架是基于 Hadoop 生态系统，结合文本挖掘技术，建立融审计数据的采集、存储、分析处理、结果可视化为一体的审计数据分析框架。本节的研究旨在为大数据环境下审计数据分析提供参考，但还未对此进行实证分析。可以肯定的是，利用文本挖掘技术可以弥补传统审计技术方法的不足，如何实现和验证文本挖掘技术在审计工作中的运用，将是后续研究的重点内容。

# 第五章　大数据与数据挖掘应用研究

## 第一节　大数据挖掘在寄递业的应用

　　随着电子商务的蓬勃发展，专门提供运输平台的寄递行业呈现持续高速发展的态势，但是一些非法分子通过邮政、快递渠道寄递违禁品的案件越来越多。随着大数据时代的来临，寄递行业选用应用软件系统对数据进行专业管理很有必要。文中设计的系统使用大数据挖掘和数据建模技术，能够针对寄递行业的大数据进行数据查询、数据分析、数据统计和数据预警。该软件系统对寄递行业发现异常邮包、降低自身风险、协助侦破违法案件等方面具有重大意义，应用前景广阔。

　　本次研究从实战理念出发，从基础工作做起，运用先进的大数据技术对现有寄递行业数据进行整合，以此构建新的大数据应用系统。该系统建设包含本地快递数据以及其他相关数据的数据中心，并在此数据中心基础上与其他各地实现全国联网、异地协作等功能的邮路侦控信息化平台，通过该系统可与其他地市进行数据交换。通过该系统的建设，将极大丰富行动技术部门的信息资源，形成可甄别特定信息，查除异端快件信息的监控网络。

## 一、系统整体设计

　　系统针对寄递行业特点，结合基础资料进行机主信息分析、宽带信息分析、逃犯信息分析，同时可在大数据中进行人员关系分析、号码关系分析、物品关系分析。分析的结果可保存在中间库，并进行信息共享，方便用户使用。

　　结合寄递公司基本功能要求，系统以可扩展结构实现多种数据的接入。针对不同的数据源可定制专属的数据抓取工具，实现自动化数据抓取，系统中需要附带专业的数据抓取工具。应对不同的数据格式，实现可动态配置的数据格式化工具，数据格式化由数据格式化软件负责，数据格式化软件运行在格式化机上，主要功能包括将各种来源的数据快速、准确地转换为统一格式，同时进行数据整理和标准化处理，以便于后续的处理工作。抓取的源数据其来源与格式千差万别，具有数据量大、实时性要求高等特点，是本系统处理的重点。数据格式化在进行数据标准化处理时，需要进行解压、解析、数据标准化整理、预警等过程，具有统一的查询平台和查询接口，统一的预警体系和预警接口等。

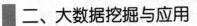

## 二、大数据挖掘与应用

系统支持普通查询和综合查询。对于普通查询而言，可以针对某个字段，如号码、基站代码、机身码进行查询，在普通查询时可以输入多个条件进行批量查询。为了提高工作效率，这些条件既可人工输入，也可以从其他文件中导入，综合查询时操作员可根据需要设置各种查询条件，这些条件用"与""或"逻辑关系组合起来。

### （一）大数据挖掘

大数据使用计算机进行分析处理。针对海量数据，人脑的处理速度远远不比计算机处理速度快、效率高。比如对不同的粗糙粒度进行全维度分析，就需借助人机综合系统，这就是科技发展带来的优势。

当产生了抽象模型，可以针对每一个人积累的数据进行模式匹配和模式识别，从而进行针对某种特定需求的操作判断。比如一家销售化妆品的公司可以对积累的海量用户消费数据进行筛选，根据模型识别匹配出目标客户群，从而找到目标客户群，并进行有针对性的营销，不同用户群接触的媒体类型不同，寻找每个人的媒体接触习惯与接触时间，甚至能够预测下一次将在什么地方接触到，方便定向推广预定信息，做到有的放矢，提高命中率。

大数据的挖掘运用越来越向定制化、个性化方向发展。个性化才能收到最佳效果，而个性化来自于精准的判断，精准的判断来自于丰富的模型和经验，因此只有挖掘出有价值的信息，才能使应用更广泛。

### （二）大数据应用

系统运用大数据挖掘技术，使用预先建立的数据模型进行大数据分析。系统的主要功能包括名址查询、快速查询、组合查询、全文检索、查询模板、结果再处理、专题数据、城市信息查询、归属地查询、重点库查询、从业人员查询、服务结果、审批查询、日志查询等。通过上述操作可以现实以下功能。

（1）通过号码（姓名、地址）等分析多个号码（姓名、地址）间是否有快递联系，可在后台执行。从资料库或中间库中找出一组号码中存在的记录，或该组号码不存在的记录。根据联系人、姓名、地址不变的原则，以原号码为基础，找出某两段时间内同一姓名地址使用与原号码不同的通信工具，该通信工具基本可判定为同一人使用。

（2）通过关系网分析，集合号码查询关系人或者关系人的关系人等多层次联系对象的话单，该模型是联系圈模型及多层次联系对象现场比对分析等模型的基础。以号码为第一层号码对其联系对象进行统计；以第一层号码的联系对象为第二层、以第二层的联系对象为第三层，依次类推，直到指定层次，组成一个关系集合。

（3）根据人与群分的特性，多个嫌疑人可能有共同联络人，输入一批嫌疑号码，找出与他们有共同联系的人,这些人也带有一定的嫌疑性。

(4)根据特定号码收发邮件的时间来分析特定号码的活动规律,是白天在家,还是晚上在家;是工作日在家,还是周末在家等。

(5)找出邮递频率比较高的记录,分析其发送邮包的内容,查验是否包含违禁品。

(6)系统找出一个电话采用不同地址收发邮件的记录或找出收发双方采用不同快递收发邮件的信息,查验是否具有涉嫌零散组装货物,逃避检查的嫌疑。

(7)通过归属地与地址不符分析,找出手机归属地与收件地址不符的信息,进一步排除。

(8)以物品为中心,按时间、地区、网点、人员、号码等分析出特定物品的流动特性。如突发性地在一个月内有大量笔记本电脑从 A 地发往 B 地,这样的信息极其可疑。

本系统建立本地数据库并从各渠道实时或定时获取数据,可以有效提供数据规范化系统需要的灵活的数据规范化工具,以帮助进行数据规范化工作,加快行业标准化运营发展。

系统实现数据比对,对业务数据、知识库内的信息进行数据关联规则和比对策略设置,实现定时或即时分析与比对,当满足条件后,便能自动通报比对结果。在变化的数据入库后执行相关数据比对工作,细致详尽规划查询信息,快递收件人姓名、收件人手机号、收件人地址的真实程度越高,越有助于查询异常和重点关注快件,从而可以提取出这类信息建立一个实时准确的人员信息库。

利用寄递行业数据真实程度高这一特性,结合已知的犯罪行为模式进行数据挖掘,可以类比出异常数据发现犯罪。后期在条件允许的情况下可以和各个公司进行联网实时取得数据,并进行预警,有助于公安系统维护社会和谐,打击犯罪活动。

# 第二节 大数据挖掘技术及数学学科的应用

介绍了大数据挖掘的概念及其特征。阐述了数学学科在大数据挖掘技术中的应用,详细介绍了目标函数模糊聚类法,区间算法,灰色关联分析法在大数据挖掘中的实际应用,协助大数据挖掘技术的开展,能够更有效地提高数据处理和分析能力,更好地促进人们对大数据挖掘技术的深入研究。

全球知名咨询家麦肯锡在《大数据:创新、竞争和生产的下一个新领域》中提出,大数据如今已关系到所有生产与工作,已成为社会发展的趋势。大数据挖掘在信息化时代变得格外重要,其已被应用于许多行业中,并创造出巨大的经济效益。但目前,大数据挖掘技术仍处于发展阶段,需要更好地完善其技术水平。近年来,许多专家学者利用专业的数学知识及处理方法,有效提升了大数据挖掘的工作效率,使企业能够更好、更快地获取资源信息,以此增加经济效益,促进了社会的快速发展。

大数据是指一种多元化的、具有时效性的、通过搜集而来的、庞大的数据集合,一般无法利用常规工具对其进行分析和整理。自 21 世纪以来，信息资源的迅猛发展，推动着信息技术的进步，标志着大数据时代的到来。调查研究表明：大数据涉及的领域包括天文、生物、计算机、电子技术、自动化、信息资源管理等方方面面，其能够根据用户平时的浏览内容及关注的信息进行整理分类，准确地为顾客提供满意的服务，节省了大量的人力、财力和物力。通过大数据的分析和整理，使面临互联网压力的传统企业能够保障其产品与时俱进。

数据挖掘是大数据的核心部分，是时代发展的必然产物，同时也是一门独立的新兴科目。通过资料研究发现，数据挖掘与商业规划有着密不可分的关系。针对潜在的重要信息，数据挖掘对复杂的、烦琐的、大量的数据进行收集和整理，能促进商业的发展和创新。目前，数据挖掘已应用于教育、科研、电子机械自动化、市场营销和互联网等多领域，并在众多领域内创造了巨大的经济收益，促进了行业的迅速发展。

## 一、数据挖掘的特征及方法

数据挖掘是一种在巨大的信息资源中，针对有价值的信息进行勘探的手段，又被人们称为数据勘探。数据挖掘是针对大量数据中的特殊关系，自动搜索出隐性信息的过程，主要通过统计、在线分析、情报探索、机器学习及专家体系等多种方法，收集、整理有价值的数据。数据挖掘在人工智能领域中被看作是知识发现过程中的重要步骤，知识发现由准备、挖掘、结果表达与数据解释三部分组成。通过计算机技术分析数据，寻找大量数据中的规律，从相关数据中整合出新数据源。数据挖掘包括关联分析、聚类分析、异常分析、特异群组分析及演变分析多种方法。但是，并不是所有检索整理信息过程，均为数据挖掘。例如，数据库管理系统或因特网检索引擎，均是信息检索领域的任务，这些数据处理包含烦琐的算法及精密的逻辑。数据挖掘看似涉足领域广泛，但其实际应用仍没有得到全面普及，Gartner 曾提到，未来世界的发展就是大数据时代的发展，数据挖掘工作将会在未来社会中占有重要地位。数据挖掘的主要发展趋势有：进一步研究信息收集的方法，规范数据挖掘在商业上的应用，建立全新的体系以适应社会发展。

## 二、数学学科在大数据挖掘中的应用

数学是一切科学技术发展的基础和工具，在数据挖掘中起到指导和改进作用。其能够提高在大量数据中挖掘出有价值信息数据的工作效率。将数学知识应用于数据挖掘的分析整理工作中，能够提高数据分析水平，促进数据挖掘的发展。在数据挖掘过程中，离不开数学基础知识的支撑，数学与大数据挖掘有着密切的关系。通过目标函数模糊聚类法、区间算法和灰色关联分析法在数据挖掘中的应用，深入探究数学与数据挖掘之间的关系。

## （一）目标函数模糊聚类法

在大数据挖掘工作中，目标函数模糊聚类法被广泛应用于数据分析和图片处理中。目标函数模糊聚类法目前已成为大数据挖掘的主流方法，这种方法是通过客观事物之间的关系、相似度，将所有元素通过模糊的关系进行聚类整合，并以此重新建立数据库，进行分析和研究。在目标函数模糊聚类法的应用中，数据挖掘技术人员利用模糊关系，对所需数据制定一定的标准，采用科学的计算方法进行整合，丰富并完善数据的矩阵结构，最终通过直接和模糊聚类法收集需要的聚类，结合编网法和最大树聚类法对这些聚类进行整理。

## （二）区间算法

区间算法是利用数学手段分析和整理数据之间的关系，通过锁定数据的区间值，获取重要信息的聚类方法。区间算法在大数据挖掘工作过程中，可以整合、挖掘、处理不完全的系统信息。大数据挖掘技术人员使用区间算法，实际是将数据挖掘过程中遇到的数据转换成可以进行比较的数据，运用科学方法，整理并分析固定范围内的数据。研究人员通过实践研究发现，区间算法主要包含矩阵与区间的聚类法、区间与区间的聚类法、数与区间的聚类法三种方法。其中，数与区间的聚类法使用最频繁，其可以依照科学的算法合理协助工作人员快速、高效、准确地对不完全的系统信息开展信息提取。在明确的区间值域内，使用最先进的统计手段和方法进行科学证明，也可以在各个区间内，展开一系列分析与整合工作，通过实践积累，分析并判断重要信息的区间范围。

## （三）灰色关联分析法

灰色关联分析法是一种利用灰色系统的基础理论知识，根据系统因素之间的相关性，即"灰色的相关度"，衡量大数据库之间有价值数据的关系界定的数据处理手段。此种方法适用于动态发展的数据信息，在灰色关联系统中，其表现形式是 S=（X，R），X 为数据之间影响因子的集合，R 为涉及因子之间映射的集合。大数据挖掘技术人员最常使用的是灰色关联分析法，利用科学手段分析出一系列杂乱的几何曲线之间的几何形状，并进行数据分析，几何图形之间的形状越相似，证明两者之间的关联度越高。在数据挖掘时采用灰色关联分析法，能够对残缺数据和数据量较少的样本进行分析整理，从中得到有价值的信息。

随着信息化时代的到来，数据处理技术得到了飞跃式发展。在各种生产和生活中，信息已成为人们不可或缺的资源。随着国家对数据挖掘的重视，数据挖掘技术得以不断革新，并将有效应用于生产生活中。利用数学知识协助大数据挖掘技术的开展，能够更有效地提高数据处理和分析能力，从而更好地促进人们对大数据挖掘技术的深入研究。

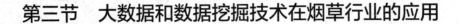

# 第三节  大数据和数据挖掘技术在烟草行业的应用

大数据时代背景下的数据挖掘技术在现代各行业的应用都非常的广泛，烟草行业也不例外。本节从烟草行业的仓储管理、物流管理以及营销管理出发，就如何应用数据挖掘技术手段来提高管理效率，谈一下个人的观点与认识，以供参考。

所谓数据挖掘技术手段，实际上就是利用多种分析策略和方法从大量的模糊数据中，提炼出有价值的信息数据为我所用。基于商业的视角而言，数据挖掘的目的在于积累有价值的业务数据，并从中提取有价值的关键信息数据，为企业和公司决策的准确做出提供参考。

## 一、数据挖掘技术在卷烟产品仓储管理中的应用实践

随着物联网技术平台的兴起，RFID 技术应用下的烟草产品仓储管理水平得以提升。面对海量的信息数据，采用数据挖掘技术手段能够有效发挥其巨大潜能，比如可用于合理安排库存卷烟原材料以及成品储位等。基于大数据技术手段，可对烟草行业的物流仓储系统进行有效管控，尤其是其中的货品历次出货数量、时间以及关联度和配送地点等，采用关联性规则不仅可以对烟草产品的最佳储位进行合理规划和定位，而且可以有效调整货品存储储方式和方法。同时，数据挖掘技术手段可用于库存策略的制定，并且利用该技术平台进行分类计算，确保库存量能够保持在一个相对比较合理的范围之内，对库存策略进行优化改进。在 RFID 应用实践中，能够显著提高烟草产品的仓储管理质量和效率，对于库存成本的降低效果非常的显著。

## 二、烟草行业物流管理中的数据挖掘技术应用实践

现阶段虽然国内烟草行业的物流配送体系及其现代物流化建设系统已经基本上成型，但是物流信息数据搜集、准确分类以及快速处理等方面，依然存在着很多的弊端或者不足之处，为此，引入大数据技术手段对其进行有效的管控，有利于提高物流管理效率。第一，对目标对象信息进行深入的剖析，确定客户群体。对于烟草行业而言，其建设发展与每一个客户的价值关系密切，利用数据挖掘技术可以有效选择客户信息。基于挖掘分类或者聚类技术，可以对客户进行准确的分类，这样即可掌握客户的特点和心理诉求，有利于帮助企业收集客户信息，从而针对性地做出决策。第二，对仓库储存全面分析，保证产品如期出库。在烟草物流管理过程中，采用数据挖掘技术方法有利于促进烟草产品的仓库储存。较之于其他物品而言，烟草材料的储存不到位，则容易受潮发霉，以致企业运营整体成本增大；同时，还会耽误客户提货时间，不利于烟草企业的发展。针对这一问题，烟草企业

可利用现代大数据挖掘技术,构建数据库并分析产品出货的品种、时间、数量以及客户和关联度等相关信息数据,并且利用关联模式有效解决烟草存储位置与方式不当等问题,确保烟草产品能够保质保量的如期出库。第三,制定切实可行的库存管理措施,降低企业库存运行成本。实践中可以看到,如果烟草材料或者产品库存不合理,库位以及资金占用现象就会非常的突出,此时若能有效利用大数据技术手段挖掘有效的库存管理方法,便能对于提高其储存效率以及降低成本等大有裨益。比如,采用二分类算法来分析烟草产品的储存序号、数量以及价位和库存烟草量百分比等重要数据,并在此基础上确定各种烟草的类型及其库存方式。第四,物流配送线路的优化调整。烟草行业发展过程中,物流配送是其中非常重要的一环,企业需对大量的客户配送材料或者产品,如果配送线路设计缺乏科学合理性,则必然会影响物流效率。对此,烟草公司应当利用现代数据挖掘技术手段中的遗传算法对路段概况进行综合分析,合理选择和设计物流车辆及其行驶路线,目的在于提高物流配送效率和节约成本。

## 三、烟草行业的产品营销过程中应用数据挖掘技术手段

随着大数据时代的到来,烟草行业在制定切实可行的卷烟等产品营销策略时可利用现代大数据技术手段来分析客户的诉求和现状。数据挖掘基础上的客户关系处理过程中,可将原本比较抽象的服务以及管理理念等进行数字化,使其更加的直观。基于对现阶段烟草以及卷烟市场调研分析,对所得的数据信息中进行深入挖掘,能够有效分析以及预测当前的烟草产品销售情况。第一,数据挖掘可在客户分类中应用,即通过聚类以及分析当前的市场客户情况,对客户进行分类管理和提供相应的服务。同时,建立服务对象特征模型,并且将客户进行类别化,这有利于为不同的客户提供针对性服务。第二,对客户行为爱好进行深入的分析研究。基于对不同区域和消费者对卷烟等烟草产品的偏好程度分析,确定客户群体流失的主要原因,以此来为潜在市场的开拓以及老客户的保持提供变革依据。第三,划分卷烟品类。调查和分析当前消费者的态度以及消费习惯等,并且对调查所得的数据信息进行聚类定性以及定量分析,以此来确定消费者卷烟产品的关联替代关系,然后得出卷烟产品间的相似系数,系数愈高。通过卷烟品类的合理划分,有利于促进企业对各种品牌的烟草产品进行优化整合与分类管理。

总而言之,随着国内烟草行业的快速发展,实践中面临的挑战和问题越来越多,从产品的生产、仓储到无论运输和营销管理,每一个环节都应当采用数据挖掘技术手段来提高管理效率,这样才能适应大数据时代的要求。

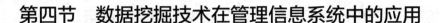

# 第四节 数据挖掘技术在管理信息系统中的应用

大数据时代的到来，使得信息数据从数量、种类上出现了几何倍的增长。就发展层面上而言，数据挖掘技术推进了大数据时代的进程，进一步拉近了大数据服务和行业发展的联系，其产生的信息系统具有信息量大、数据多样、价值性高等独特优势，进而使社会的各个行业迎来了重大的变革。本节探讨了数据挖掘技术的概念与内涵，分析了数据挖掘技术在管理信息系统中在数据分类、数据收集及保管中的应用，将为行业信息管理的强化和升级提供有效参考。

社会的高度发展是信息数据为框架，并将数据信息的智能化、共享化应用作为显性标签，数据开始成为一种基础性的资源而不仅仅只是简单的处理对象。在大数据时代即将到来的背景下，如何科学而合理地对数据挖掘技术加以利用和管理，使得数据的收集速度与质量不断提升，成为社会各行业深入关注的问题。数据挖掘技术通过多渠道的海量资料收集和分析，为社会经济的发展提高智能数据服务，其产生的信息系统具有信息量大、数据多样、价值性高等独特优势，进而使社会的各个行业迎来了重大的变革。随着数据挖掘技术在管理信息系统中的应用，推进了大数据时代的进程，也进一步拉近了大数据服务和各行业发展的联系，成为推动各行业发展的强心剂。而不可忽视的数据挖掘技术在管理信息系统中的应用，所带来的行业冲击和技术问题也是多个层面的，此外，还面临着一些问题和挑战，亟待通过合理的方式加以解决的问题，深化管理信息系统应用机制，提升系统数据服务的效能。

## 一、数据挖掘技术的概念与内涵

就应用层面而言，数据挖机技术可视为信息管理的一对一的过程，其通过对目标数据的深入研究，使得原本残缺、模糊，或存在数据错误的信息通过有效的挖掘、比对，进而形成真实的、精准的，且具有隐匿性价值的数据。行业的决策者和管理者可通过对这些极具应用价值的信息数据，去分析和发现问题形成和发展中的隐蔽信息或秘密，在全面透析的基础上，进而对行业问题的判断提供有力的支点。当前，数据挖掘技术根据数据采集的质量和特性，分为两大基础形式，即记述型和推判型。其中，记述型数据挖掘技术主要是通过信息法则的层面出发，对行业发展信息数据得出高度概括性的总结；推判型数据挖掘技术主要是通过信息数据的分析和整理层面，对行业发展数据的隐匿性数据进行表述。相对于记述型数据挖掘技术，推判型数据挖掘技术更具有前瞻性、预知性。在管理系统中应用和使用挖掘技术之前，需存在有可供挖掘的行业发展相关信息数据。通过对数据采用多元化的系统分析手段，对其进行整理和分析，并将这些数据着力应用在管理信息系统的过程控制、数据维护及查询优化等方面。

## 二、数据挖掘技术在管理信息系统应用中的作用

### （一）系统应用中的数据分类

在管理信息系统中，数据挖掘技术可通过一定的规则将不同种类和不同属性的信息进行高效的分类。并对其中符合信息数据规则和属性的信息进行数据分析，以提升管理系统内信息分析的速度，并提升信息系统应用效率。在这一过程中，基于数据挖掘的差异化及个性化分析，通过对信息数据的数据集模型设计，可以为管理信息系统用户提供符合用户需求的信息推送，从而提高管理信息系统的管理质量和信息价值。

### （二）系统应用中的数据收集

在管理信息系统的信息数据收集过程中，主要是依托挖掘技术实现对管理系统数据库中的数据描述构建数据模型，然后将可分析样本同这一模型展开对比，进而从中找到差异化的内容。信息数据收集中的数据挖掘技术的应用中，需要对管理系统的信息库进行全面的分析与测评，以便得出科学的描述方案。同时对概念模型及数据集进行合理的描述，如反复测试中，分析模型表现出较高的准确性和稳定性，则可将其作为管理信息系统的标准模型，为后续的信息预测工作提供基础。

### （三）系统应用中的数据分析

对于管理信息系统而言，对数据的分析具有重要的意义，其将有效地控制信息数据的层次，确保数据信息的功能。以管理信息系统在企业人力资源管理中为例，传统的人力资源管理过程中多缺乏数据分析与辅助决策的功能，而造成人力资源管理信息系统混乱、复杂等情况，引入数据挖掘技术后，能够有效地解决上述问题，为企业发展提供更好的人才价值性评判的同时，也为企业人力资源的科学管理提供支点。

综上所述，数据挖掘技术在管理信息系统应用的全面提升是一个系统的多点构建过程。在大数据背景下下，应不断加强数据挖掘技术的实践应用和行业推广，运用多效技术革新、人才培养等保障手段，着力解决数据挖掘技术服务各行业管理系统构建和发展进程中的数据集成管理、数据分析能力等层面的问题，有力提升行业发展中的数据管理水平高度。

# 第五节　基于大数据的数据挖掘在管理会计中的应用

基于大数据时代的数据挖掘技术在管理会计中的应用，本节首先提出了数据挖掘技术对管理会计职能的影响，其次提出了数据挖掘技术在管理会计中的应用。旨在通过管理会计中数据挖掘技术的应用，充分保障企业能够更加准确的分析数据信息，提升自身竞争优势，从而进一步推动企业的可持续发展。

现如今，云计算以及移动互联网技术的快速发展，大数据在此环境背景下，对于全球经济社会的发展产生了较大影响。在大数据时代下，企业在运营发展过程中，面临着较多的难题，如：如何转换数据采集、处理和使用的思维以及行为模式，如何对数据利用能力以及方法进行适当的优化，如何能够最大限度额获取以及处理数据信息，并且将数据信息中存在的价值最大程度挖掘出来。随着数据挖掘技术的出现，使得企业管理会计的发展迎来了新的发展机遇。

## 一、基于大数据时代数据挖掘对管理会计职能的影响

### （一）促进管理会计成本控制职能的提高

企业中管理会计工作的开展，最为关键的职能就是对企业的成本进行有效准确地控制，并且在企业的经营活动中，每一个环节同企业成本控制具有密切联系。同时，企业在编制执行计划，或者编制年度预算的过程中，都是为了能够更好地对企业成本进行有效控制。基于大数据时代，如果仅仅通过计划或者预算对成本进行控制，已经不能充分满足企业成本控制的需求。因此，企业就可以充分利用数据挖掘技术，对大量的数据信息进行挖掘分析，从而使得得出的结论更加具有准确性以及合理性，并且从其中吸取更多的经验教训，为成本控制工作的顺利开展奠定良好基础。第一，企业利用数据挖掘这一技术工具，对与企业相关的外部数据进行相应的收集、分析、研究，可以有针对性地提出改进举措，提升自身竞争力。企业对竞争对手的相关信息进行分析，了解市场的相关信息内容，同时企业还能够通过数据挖掘技术的利用，可以掌握整个行业市场的竞争与合作信息，便于企业战略决策。第二，企业还可以通过云计算技术的应用，利用其中的筛选功能寻找最为合适的数据，便于成本控制工作的顺利开展，同时利于企业内部中各个部门对成本进行科学的管理，充分分析出产品投入是否具有良好的稳定性，及时发现产品实际成本与生产成本预算之间存在的差距，为企业制定更好的发展战略奠定良好基础。

## （二）转变管理会计职能对数据信息的利用方式

企业在应用数据挖掘技术之后，能够快速地对大量数据进行整合归纳，从中寻找出最为准确的数据信息，对于数据挖掘技术使用者而言，节省了大量的时间，减少了数据加工的中间环节，便于企业相关人员能够更加快速的提炼与利用数据信息。与此同时，数据挖掘技术的应用，还能够对会计数据进行实时的处理分析，从而使得便于企业管理人员能够更好地对会计相关数据信息进行利用，充分发挥出会计数据信息的最大效用，一定程度上转变了管理会计对于数据信息的利用方法，加快了信息的传输速度。例如：企业对于存货的管理，相关的保管工作人员，可以定期地对以往存货数量以及市场需求都进行研究分析，然后通过数据挖掘技术的利用，对其进行准确的分析，对于企业的存货数量进行大概的确定，尽量避免出现库存挤压的情况，减少此情况为企业带来的经济损失。在大数据时代，企业为了能够更加稳定的发展，提高自身的竞争力，就需要明确市场的发展方向，紧跟时代发展潮流，通过数据挖掘技术的应用，促进管理会计职能水平的合理提高。

# 二、基于大数据时代数据挖掘技术在管理会计中的应用

## （一）在分析竞争对手中的应用

经济全球化条件下，市场竞争日趋激烈，在此过程中，如果企业做出错误的决策，那么则会为自身的发展造成极为不利的影响，甚至还会降低自身的市场竞争力，为竞争对手创造有利条件。客观角度来讲，管理会计工作同普通的会计工作进行对比，管理会计中的会计主体具有一定的局限性，能够为企业在竞争的过程中，通过管理会计工具和方法，为企业决策提供若干支撑性的信息，以深入分析自身，客观判定对手。基于此，为了促进企业在激烈的市场竞争中更加稳定的发展进步，就需要从多方面加强对竞争对手的了解。企业可以通过管理会计工具，特别是数据挖掘技术，对于市场、竞争对手的相关信息进行综合研究分析，然后对其进行科学的整合，客观得出竞争对手、市场发展的相关规律，特别是重点分析竞争对手的经营特点、财务特征以及自身的应对思路，从而为企业自身的经营决策提供良好的参考信息，为企业管理会计开展战略管理工作奠定基础。

## （二）在风险预警中的应用

企业对于潜在风险的分析，对于企业的财务资金情况以及运营情况都具有十分重要的影响，需要及时地将企业风险进行科学处理。企业面对的风险既有外部的也有内部的，这就是所谓的系统风险与个体风险。从性质来讲，也可以分为经营风险、财务风险和风险。较多的风险只能分析不能绝对避免，因此，如果通过数据挖掘，结合市场、行业、技术发展特点，对于企业自身经营的财务信息，对下一步企业可能遇到的经营问题、财务状况进

行合理预警，方能起到管理会计在风险管控中的重要作用。通过管理会计中数据挖掘技术的应用，则能够对企业的财务状况进行科学合理的分析，判断企业经营过程中的各种不利影响。例如，对于企业的资产负债比率、潜在的亏损因素、表外的融资能力等，都能够对其进行客观全面系统的分析，及时预警企业中存在的潜在财务风险，利于企业更好地进行修补风险漏洞，促进企业更加稳定快速的进步发展。

## （三）在消费群体分析中的应用

企业的市场目标在于其消费者，包括了下游生产者和直接的产品消费者。只有企业根据消费者的需求进行生产，改进材料、生产技术、工艺与市场促销等方式，才可能使企业生产经营顺畅进行，促进企业经济效益的实现。随着市场竞争的不断激烈，市场中的产品逐渐多样化，从买方市场的角度来看，消费群体具有规模大以及种类多的特点，在此过程中，传统的管理会计工作模式已经不能充分满足企业的发展需求，不能够对消费群体进行科学有效的分析。企业在运营发展的过程中，是否能够成功，消费群体起到十分关键的作用。管理会计的数据来源不像财务会计那样只局限于历史信息，其作用的基础在于客观可靠的信息。而对于信息获取来讲，数据挖掘也是一个较好的工具来解决管理会计所需要的信息来源问题。通过对消费者数据信息的挖掘，例如：企业的主要消费群体特征，如：年龄、特征、地区等信息，进行整合优化，从而便于企业更好地对客户需求进行预测，企业可以适当地对于自身市场发展战略进行调整，以壮大新的消费群体。此外，更重要的是，通过数据挖掘与整理，对于消费者中的企业，还可以客观分析其信用、诉讼等相关情况，为企业的销售信用水平界定提供相对准确的依据。

## （四）在产品周期分析中的应用

在产品生命周期和生产周期的成本分析也是重要的一项分析工作。对于企业而言，通过数据挖掘，使相关的生命周期中不同的成本特征形成规律，供企业生产经营使用也极其重要。首先，将产品作为成本的分析对象，其次将产品的研究、开发等环节作为产品的周期，对其展开科学的分析。随着市场竞争的逐渐激烈，此种分析很难准确地掌握产品周期，部分产品在市场中很快就会消失，但是也会有很多产品始终存在。而企业通过在管理会计中应用数据挖掘技术，就可以对产品周期特征进行准确的分析以及归纳总结，对于产品的每个阶段成本信息都进行科学合理的划分。例如：在产品研发阶段，可以加大成本的投入力度，在产品的结束阶段，就可以降低成本的投入力度，为后续产品的开发工作奠定良好基础。

基于大数据时代，通过管理会计在数据挖掘技术中的应用，不仅强化了企业战略管理会计及的责任内核，还促进了企业总体战略的发展，同时扩展了企业的业务能力范围，使得管理会计能够运用更具科学性以及规范性的数据手段，对数据信息进行有效的预测，保障管理会计人员工作效率的有效提升，促进企业市场竞争力的提升，进而为企业经济效益的良好提升奠定良好基础。

# 第六节　数据挖掘技术在军队预算管理中的应用

军队预算管理是集计划、预测、控制于一体的军事经济管理活动，通过对军队财政收入的来源和数量、财政支出的投向和投量进行规划和管理，才能从财力上保障整个军队战略目标的实现。作为军队履行职能使命的物质基础，军队预算的管理理念和手段是否科学、先进，直接影响经济资源转化为战斗力的效率和效果，关系到整个国防系统能否及时、准确、高效运作。传统的军队预算编制是基于少量的数据人为对预算年度的军费收入和支出情况做出预测，这种预测方式比较粗略，制约了预算执行质量的提高，也不利于预算绩效的评价。随着大数据时代的到来，数据挖掘及处理技术更加成熟，军队预算数据的采集也越来越全面、精准。如何充分利用海量的数据资源促进军队预算编制水平的提高和管理效率的提升，本节拟对此问题进行分析。

## 一、数据挖掘对军队预算管理流程的影响分析

数据挖掘技术是一种从数据库的海量数据中通过算法搜索信息，并将其处理和转化为对于决策有价值的信息的数据分析和预测方式，包括聚类、关联、分类、回归、异常值检测、人工神经网络等多项技术。将数据挖掘在企业财务领域中应用的优势迁移到军队预算领域，对军队预算编制的理念和方式、预算执行中的监督和反馈以及预算绩效管理的开展等都将产生深远的影响。

### （一）通过数据挖掘更新预算编制的理念和模式

军队预算编制是军队财务管理中最复杂的工作之一。目前，事业部门要根据部队建设规划、计划，地方财政关于下达下年预算指标的批复，现行经费供应标准（生活费、公用经费），各类实力（人员、单位、装备实力），上年度经费预算执行情况，单位经费家底和存量资产状况以及市场行情等诸多因素对新预算年度的军费收入和支出做出预测，再根据预测结果按照法定程序编制和审批军费收支计划。此外，事业部门预算编制人员财务管理知识和技能相对欠缺，面对海量数据带来的复杂的预测问题，无法科学应对并做出理性决策。而在大数据时代，将以往年度的预算数据和新的预算年度经费供给和需求数据整合为"预算大数据"，基于可利用的数据资源，运用数据挖掘技术综合分析，可以预测经费需求、生成预算编制建议方案和提供经费预算模拟演练，为事业部门预算编制人员提供参考，提高预算编制的科学性和合理性。此外，当前事业部门编制预算时，虽现行经费供应标准和各类实力容易统计和掌握，被视为预算编制基础资料，但其他预算编制的基础因素

如部队建设规划计量难度大、缺乏衡量标准，在实际工作中往往被忽视。这些复杂的因素通过数据挖掘技术中的关联规则可以转化为几个可处理因素，引入预算编制中，增加预算编制与军事战略规划的契合度。

## （二）通过数据挖掘加强预算执行的监督和反馈

传统的预算管理观念重预算编制、轻预算执行，不注重预算差异分析，再加上预算管理过程中内部控制缺失，加剧了预算编制与执行两者之间的偏差。利用数据挖掘技术，可以在预算执行流程的关键节点，以预算预测值和实际值的差异分析为基础，充分利用预算编制资料和预算执行中相关支出凭证等数据的实时更新，建立预算监督预警模型，以此对预算全过程进行监控，强化内部控制，提高预算执行的刚性。另外，由于人力、财力、物力成本的限制，传统预算管理只能在年中进行一次预算调整，反馈时间较长，存在一定的滞后性。很多部门编报的预算本身客观性较差，信息内容不详细、开支不分类，实际执行时情况与预算方案有较大出入，不能及时反馈到预算管理部门，错失了发现、纠正和解决问题的最佳时期。数据挖掘技术显著降低了信息的处理成本，可以利用预算执行过程中的信息反馈及时进行预算调整，缩小预算编制和执行的差距。

## （三）通过数据挖掘推进军队预算绩效管理的开展

从我军预算绩效管理工作推进的现状看，存在的突出障碍是缺乏一套建立在严密数据分析基础上可理解、可衡量、可控制、具体完善的预算绩效评价指标体系，对预算管理情况进行绩效评价的过程中，涉及变量多、复杂度高、主观性强，目前设计出的指标评价体系差强人意。主要缺点体现在：一是定性指标多，客观性较差，主要侧重于对预算执行中合法合规、真实性的考评，需要主观进行判断。二是定量指标对预算执行效率、执行效果的解释力较弱。很多定量指标如收入计划完成率、成本费用支出率等简单财务比率指标，虽然容易计算和获得，但忽视了大量非结构化数据，造成了信息压缩和信息失真，甚至会得出与客观事实相反的结论。三是指标之间具有多重共线性，内容存在重复和交叉，对于预算绩效的整体反映能力较差。四是指标体系多为通用型的绩效指标体系，在衡量具体项目预算投入是否达到预期效果方面差强人意。此外，不同预算科目和项目的开支性质不同，如有的是公务事业费正常开支，有的是工程项目，有的是武器装备研发，评价的侧重面应当不同，不能一概而论。然而，在大数据时代，一是可以运用数据挖掘中的特征分析、关联规则等方法确定关键财务变量作为评价指标，提高评价指标设计的科学性。二是数据挖掘技术能够获取和利用预算科目和项目的全部信息，从数据来源上保证绩效评价指标体系构建的客观性和全面性。三是借助数据挖掘的聚类技术、递减阈值策略对海量的内外部数据进行降维和相关分析，厘清指标间的作用关联，降低多重共线性。四是将预算大数据分类建立数据库进行数据挖掘，构建个性化的科目指标评价体系，可以提高对预算的不同科目和预算项目的解释力。

# 二、数据挖掘在军队预算管理中的应用分析

## （一）数据挖掘在军队预算编制中的应用

### 1.提供预算编制建议方案

数据挖掘应用于军队预算编制的前提是建立起基于军队财务信息系统及其他信息收集渠道的军队预算大数据收集机制。依托军队财务信息系统平台，把与预算编制有关的数据纳入预算大数据收集范围，主要包括：一是标准实力类数据，包括现行生活费、公用经费供应标准，人员、单位、装备等各类实力，各单位编制级别、任务属性、部队属地等规模性质；二是以往预算年度的历史数据，包括预算科目和预算项目的收入、支出、决算（生活费、公用经费决算）等资金流数据，收入凭证、支出凭证、工程计划书、招标申请书等业务数据；三是新预算年度结构化决策变量的变化，如单位经费家底和存量资产状况、地方财政批复的关于下达下年预算指标等，以及部队总体建设规划、计划等。可以看出，预算编制需要的数据不仅包括结构化数据，还包括大量的非结构化数据。这类数据结构不规则，不能直接进行处理，需要利用非结构化数据挖掘的文本挖掘、Web 数据挖掘、空间群数据挖掘及多媒体数据挖掘等技术，将其转化为可以直接处理的数据。然后运用数据挖掘技术基于时间序列分析模型分析处理各单位以往年度的预算数据，形成对新预算年度的同科目、同类型项目预算以及总体预算数的大致预测。结合新预算年度确定的军费规模，以遂行执勤、处突、反恐等多样化军事任务经费供给决策需求为牵引，通过综合分析可利用的数据资源、财务供应与管理标准，预测经费需求，运用启发式算法如人工神经网络预测模型生成精确、详细、多样化的预算编制预案并提供经费预算模拟演练，从而为事业部门预算编制人员提供多种备选预算建议。

### 2.改进预算编制审核流程

传统预算编制的审核按照"两上两下"的程序，先由事业部门上报分项预算建议方案，保障机关财务部门经过审核并综合平衡后，报单位党委审批；根据单位党委批准的预算建议方案，保障机关财务部门向事业部门下达预算控制指标；事业部门根据保障机关财务部门下达的预算控制指标，拟制分项预算方案并报送保障机关财务部门审核后，分别报参谋机关、政治机关、保障机关领导审批；最后，事业部门与保障机关财务部门批复下级预算，联署下达项目经费预算。由于预算编制中层层委托代理关系的存在，预算安排的项目论证往往不充分，财务部门、单位党委与事业部门掌握的信息不对称，预算审核存在报多少批多少的问题，重复、虚列预算项目也常常无法得到有效鉴别和剔除，整个预算审核过程冗长、时效性差，审核的准确性并不高。通过数据挖掘技术的应用，事业部门拟制分项预算建议方案时有数据作为编制依据，提交预算建议方案时能提供全面客观的支持数据，提升预算编制准确性的同时也降低了财务部门审核、单位党委审批的难度，打破委托代理关系

之间存在的信息孤岛，可缩短预算审核的周期、降低人为审批风险。此外，数据挖掘技术可处理的数据量比人工处理多很多个数量级，借此可以建立各区域、各军种的大型数据共享中心，提高预算方案统筹的层次，由单位内部预算综合平衡扩展到各军种、各区域的全局统筹和平衡，以此在更高层次上实现预算和战略的统一。

## （二）数据挖掘在军队预算执行中的应用

### 1. 辅助预算分析

预算分析是预算执行状况的数据化、可视化反映，是考察预算执行流程的基础和中心环节，关系着预算控制和预算调整的效果。由于未来的不可预见性以及市场价格的波动等，预算执行情况与最初编制的预算方案总是存在或多或少的出入，因此执行情况的好坏不应仅仅是简单地将预算指标和实际支出对比，还需要结合实时的市场价格数据和预算执行中文档、图片、视频、音频等数据对资金的流向、用途以及使用额度是否合理进行判断。这就需要对预算执行过程中产生的信息流进行数据挖掘，实时响应财务数据的分析需求，打通财务数据与非财务数据的壁垒，并生成图表和分析报告，使财务人员通过预算分析直观地掌握预算执行情况，从而为进行预算控制和调整反馈提供基础。

### 2. 人机协作进行预算控制

在对预算执行过程的全部数据进行实时预测分析的基础上，采用人机协作的形式对预算执行的事前、事中、事后的全过程进行监控。一是设置预算管理中各项指标的合理范围和预警界限，多维钻取和分析预算执行数据，对比设置指标，直观监测预算执行情况，自动查找超标准、无标准开支，提供初步预警结果。一旦发现预算执行情况异常，如开支超过正常范围，及时预警并提供通过图表、报告等可视化的展现形式，由财务人员对异常情况展开调查。二是在项目预算控制上，参照年初审批的单位预算项目信息，利用数据挖掘技术自动检索反映预算执行效果的结构化数据和非结构化数据，如支出数额、支出凭证、工程项目委托书等，判断预算执行进度是否符合预期，发现预期和实际差距严重等问题第一时间预警，财务人员及时展开调查进行纠正。

### 3. 提供预算调整建议

在数据库实时更新的基础上，利用数据挖掘中的聚类、关联规则、决策树等方法将预算执行情况数据流与预算计划指标进行分析和比较。两者大体一致则不需要调整，差异若超出正常范围，且经调查具有合理正当原因，可能需要根据比较结果修正期初预算编制时不合理的指标。此时，可利用数据挖掘智能算法如人工神经网络、遗传算法等，基于新情形做出对以后期间经费消耗的预测，同时测算需要调整的数值，做出准确的信息反馈，提出预算调整建议，保证预算执行流程中的快速精准纠偏。

## （三）数据挖掘在军队预算绩效评价中的应用

### 1.建立和优化预算绩效评价指标体系

预算绩效评价指标体系的建立以预算大数据为基础，不仅包括军队财务信息系统内部反映的资金流信息，还包括与预算项目有关的其他信息，如预算专家评审意见等。运用数据挖掘技术的关联规则选取绩效评价指标，使得思路和范围更加开阔，通过交互挖掘的手段更好地厘清各个指标之间的作用关系，使得选取的评价指标更具科学性和代表性。预算绩效评价指标体系建立的具体过程是：第一步：根据军队预算管理绩效评价的理论结合工作实际，确定指标体系的建立思路和基本框架，初步遴选出一些常用的定性和定量指标。第二步：围绕预算科目和项目的风险评级，利用变量相关系数分析手段确定指标体系整体权重和指标个数，对于预算执行复杂度和风险高、金额较大的科目如装备研发费，应设计覆盖流程和节点较多的绩效评价指标体系；对于标准完善、风险较低的科目，可降低整体权重，并采取较为简单的绩效评价指标体系。第三步：对预算的全部数据进行数据挖掘，对同级别、同任务类型、同地区单位预算数据进行整合对比分析，构建与各单位性质类别相关的概念层次树等评价模型。第四步：基于时间序列进行数据挖掘，利用预测值和实际值的偏差分析，对指标及权重设置进行校正和调整，并利用预算执行形成的反馈数据对指标体系不断优化，提高绩效评价指标体系与预算管理实际情况的符合度。此外，预算数据的反馈也可为公务事业费等预算标准随宏观经济形势动态变化提供决策依据。

### 2.支撑预算全过程绩效评价和监控

预算执行过程中，数据挖掘技术可与军队财务信息系统及相关辅助信息系统进行有序衔接，共享预算编制、执行和调整的实时信息流，获得预算管理的事前、事中、事后全过程的数据。管理人员进行预算绩效评价和监控时，可运用数据挖掘技术对数据进行汇总和分析处理，得出各项指标的评价值和指标体系的总评价值，实时掌握绩效目标各方面的进展情况。通过对比绩效评价值与预期指标值或以往指标标准进行变化和偏差分析，监控当前资金支出进度、项目实施情况与绩效目标的距离和偏差，从而形成全过程监控报告。

### 3.促成预算绩效与战略目标的整合

虽然数据挖掘技术的应用可以通过提高预算编制和预算执行的科学性进而提高某单位或某项目的预算管理效益，但仍需要从军队建设发展全局的角度对整体情况进行分析和评价，从而避免战略性失误。首先需要明确军队预算绩效管理的总体战略目标，对战略目标进行具体描述；其次拆解总体目标，明确为达成总体目标的各类别预算的规模和比例关系，分类别在数据挖掘的基础上对预算的编制和执行情况进行绩效评价，使预算绩效回归整体战略目标。

# 三、数据挖掘在军队预算管理应用中需注意的问题

## （一）数据挖掘技术应用应以预算管理大数据收集机制的建立为前提

　　数据挖掘在军队预算管理流程应用的任何一个环节都需要依靠三类数据：第一类是训练数据，据此训练算法、建立模型；第二类是输入数据，用于生成需要的信息；第三类是反馈数据，用于对模型进行修正，进一步提高数据挖掘应用的准确度。可见，数据挖掘在军队预算管理上发挥价值依赖于从海量的军队预算管理数据中采集数量巨大、种类全面、精准的信息，因此数据挖掘应用于军队预算管理的前提是建立军队预算管理大数据收集机制。可设立由中央军委领导、扁平化分布于各大战区的数据共享中心，并构建基于联机分析处理（OLAP）决策支持系统的集关系型数据库、非关系型数据库以及数据库缓存系统为一体的新型数据仓库，依靠分布式云存储技术解决海量凭证、合同、票据影像的存储问题，数据挖掘需要的数据从各个数据仓库中提取。

## （二）数据挖掘技术辅助军队预算管理应以军队财务信息系统为基础

　　军队财务信息系统是当前军队财务信息化的现实基础，数据挖掘技术辅助预算管理功能的设计要紧紧依托军队财务信息系统，避免重复建设。从数据来源上，数据挖掘与军队财务信息系统中的预算编制管理系统、会计账务管理系统的各类财务数据应当实现实时共享，便于随时提取数据。从数据结构和适用性上，借助数据挖掘技术提出的预算编制建议方案，应当方便事业部门预算编制人员接收和直接利用，减少人为处理和转换的工作量。通过单位内部局域网向财务部门提交后，预算审核人员可以直接提取数据、查阅参考及录入军队财务信息系统。从功能应用上，数据挖掘辅助军队预算编制和管理功能，如预算分析、预算控制、预算调整，应成为军队财务信息系统的功能模块，实时运作并根据需要迅速将结果生成各类图表和报告，便于财务人员对预算执行情况进行分析、判断和全方位监控。

## （三）数据挖掘应用于军队预算管理需高度关注数据安全问题

　　虽然数据挖掘的应用能够优化军队预算管理的手段和方法，但目前还无法完全消除数据质量、数据安全、数据歧视等风险。首先，数据挖掘对数据的依赖性很强，预算数据太少、预算数据统计失误或被人恶意篡改伪造等都会影响数据挖掘结果的精确性，进而影响后续各项工作的可靠性，对于军队财务保障的质量和效益产生恶劣影响。其次，军事行动对信息保密的要求极高，军事数据的战略价值巨大，一旦泄露，后果的严重程度难以估量，预算管理大数据的集中增加了预算数据大规模泄露风险，需要采取更加严密的技术防范措施。此外，由于预算绩效评价的一些前提条件是人为输入的，不可能完全避免主观偏见，这可能对数据挖掘算法的精确性带来偏差，从而在一定程度上影响预算绩效评价的客观性。

# 第七节　大数据时代出版企业对数据价值的挖掘和利用

随着新时代互联网技术的高速发展，大数据也逐渐被诸多行业所应用，数据已经渗透进各行各业，通过对数据的挖掘和利用来指导出版企业的出版行为，是未来出版行业的发展趋势。对于出版行业来讲，这既是挑战更是难得的机遇，比如从各种线上、线下平台获取对出版企业有价值的数据信息，分析利用这些数据进行企业的整体发展规划制定、选题策划方向确立、营销方案制定和出版企业内部经营管理。充分挖掘和利用好数据价值，必将提高出版企业的出版效率和出版效益，从而推动整个出版行业的稳定发展。

2011年，麦肯锡在题为"海量数据：创新、竞争和提高生成率的下一个新领域"的研究报告中指出，数据已经渗透到每一个行业和业务职能领域，逐渐成为重要的生产要素。大数据应用在各行各业正呈现越来越热的趋势，出版行业也不例外。出版行业怎样结合自己的实际情况来做好大数据应用从而推动行业又快又好地发展，是需要我们认真研究探索的课题。

长期以来，出版企业对市场的判断主要依靠直觉和一些有限依据的预测。在大数据时代，这样的模式逐渐发生了变化，已经有一些出版企业开始用数据和分析的模式取代一直以来所依赖的直觉和判断。大数据时代，出版企业能获得更详细、更精确的信息，通过对这些信息进行数据分析，能够把握更多市场主动权。这也预示着，未来有可能会是这样一种状况，即出版企业在挑选有望成为畅销书的作品时将借助技术分析来穿透迷雾，寻找确凿可信的依据。

数据已经成为出版企业必不可少的决策依据，大数据时代，出版企业对数据价值的挖掘和利用，主要体现在企业的战略定位和目标设定、选题流程引入数据分析、发行营销的大数据运营等几个方面。

## 一、战略定位与目标设定

出版企业管理者可以通过分析国内出版市场大数据，了解各出版产品品类在市场总品类中所占的码洋比重，并结合自己的特长和资源背景，确立巩固本出版企业的主要出版方向，也可以结合市场的发展情况规划有增长潜力的出版方向，设定本出版企业一定时期内可以达到的发展规模。出版企业管理者从企业整体发展规划等宏观方面考虑需要重点关注的数据信息如下：

### （一）国内出版市场中各图书种类近年的市场占有率和增长率

通过了解国内出版市场中各种类图书近些年的市场占有率和年增长率，我们可以了解目前国内整个出版市场的各出版方向的体量、格局以及各出版方向的成长性、发展趋势。通过对这些数据的分析、结合本出版企业的具体情况确定本出版企业的发展规划。以少儿出版市场为例，开卷全国图书零售市场观测系统覆盖了全国 3445 家实体书店、3500 余家独立网店与天猫书城，根据 2017 年数据报告，少儿图书市场的占有比重和增速高于图书市场的各其他品类的占有比重和增长速度，无论是在实体店还是网店。而且随着人口政策的调整，"二胎"政策全面放开，城镇化进程推动了人们对文化消费需求的提升，以及基础教育领域的改革推动着少儿出版不断向前发展，决定了少儿出版在今后较长时间里都是一个出版热点和增长点。因此通过近几年的数据分析，目前绝大多数出版企业都投入了力量进入少儿出版领域，以期在这个细分市场中找到利润增长点。

## （二）出版企业的总体规模和重点方向图书规模

同时，出版企业要根据对数据信息的具体个性化需求，通过有效的数据信息简洁明了地反映出版企业的发展效益。在收集了有效数据信息后，再通过数据模型分析、市场分析预估，对各项指标与竞争对手对比，找到自己的优势和差距，改进和提高自己企业的竞争力。图书市场具有短期的波动性与中长期的周期性、销售品种的迅速增加和销售数据信息量大同时并存等特点，数据分析的目标宜以中长期分析为主。图书销售数据分析必须坚持动态监测，提高市场调研能力。动态监测，对比前后数据，寻找变化趋势，可以及时发现市场增长点，也可以检测工作成效，有利于加深企业对市场的理解。

### 1. 出版企业码洋占有率和排名

出版企业码洋占有率是根据当期出版企业的市场监测销售码洋和全国同类出版企业市场的监测销售码洋总量的比值计算得出的评估指标，此指标直接反映该出版企业在整体或区域或细分市场中的地位。在没有非常畅销图书或特别量大的批量采购图书的特殊情况下，在依靠常规产品支持的市场，这个指标是一个比较稳定的值。出版企业码洋占有率排名是根据全国同类型出版企业在零售图书市场的码洋占有率情况，对该类图书市场中所有的出版企业进行顺序排名，这是衡量一个出版企业在全国出版行业地位的一个重要指标。

### 2. 出版企业重点方向图书市场占有率

出版企业重点方向图书市场占有率是对出版企业的主要优势出版方向图书销售情况进行监控，按照当期监测总销量和全国该出版方向图书总销量的比值计算得出的评估指标。一个出版企业必须有自己的重点出版方向，当然它也是自己的相对优势出版方向，是建立出版企业品牌和核心竞争力的依据和稳定的盈利来源点。因此，出版企业管理者必须随时监控这个指标，对出版企业的重点方向图书出版情况及市场表现进行分析，这对研究出版企业的出版结构、市场效果、营销组合、出版战略等具有较强的参考意义。

# 二、选题流程中引入数据分析

一般出版企业选题论证会的常规流程是：首先在编辑室内部进行讨论论证，获得认可通过后再提交给企业内部选题论证委员会进行论证。选题策划人在进行选题情况介绍时，在介绍了选题的基本信息后，还需要提供充分的数据支持，如对市场上已有相关竞争产品的销售情况分析、本选题相对其他产品的优势与劣势等。对于新开发的选题方向，有时还需要市场部从第三方的角度提供辅助的专题报告，比如市场容量及成长性，市场竞争状况，产品、定价、渠道、促销等情况作为参考。

传统出版企业做选题策划，通常还需要听取一些发行人员的建议，或者发放调查问卷。但是，综合这些信息产生的选题与实际的市场需要常常会有偏差。为了能策划市场对路的选题，作为编辑要充分收集、利用相关数据信息作为选题策划的依据来确定适销对路的图书产品。编辑在平时需要关注的数据主要包括如下方面：

## （一）新书出版数据——时刻关注竞争对手

重点看竞争对手出版了哪些图书，例如绘画技法类，可关注像人民美术出版社以及各地方美术出版社等出版企业。要重点关注竞争对手出版了哪些新书，新书的封面、定价、装帧、开本、书名、内容等等，新版图书中一定包含有市场潜在增长点的选题方向，是出版企业必须重点关注的方面，通过了解竞争对手的新产品及其特点，才能感触出版的风向标，同时也能做到有的放矢，策划出比对手更质优价廉的高性价比产品。

## （二）各平台销售榜单热点图书品种分布数据——策划有潜力的选题方向

可以选择关注开卷数据或者天猫、当当、亚马逊以及博库、豆瓣上的一些数据，特别要关注剔除本身不涉足领域的图书排行榜单。观察每个月前30名、50名、100名中，哪类图书是热点，其所占比重（品种、码洋）是多少，还可以关注榜单中哪些图书或哪些出版竞争对手突然之间冒出来，随时做出市场反应。只有了解了市场需求热点，我们才会有出版方向，从而知道下一步要努力的目标，如此才能为策划有潜力的选题方向而提前规划。

## （三）关注相关已出版图书客户数据——实现精准策划

当需要策划某一方面的选题时，可以对了解或以前使用过相关图书产品的读者数据信息进行分析。读者数据信息包括这些读者的年龄层次、学历层次、职业类别、地域分布、数量以及对各类选题图书的评价和建议等等信息，在收集了足够多的读者数据信息后，再对读者的行为、特征、喜好进行深入分析。只有这样才能对要策划的选题做到有的放矢，这样策划出版的图书选题就能比竞争对手已经出版的相关图书更优化、更符合读者的定位和需求，真正做到按需定制，实现精准策划。

## （四）关注分析社交平台的用户大数据——实现精准策划

遴选出一些有较大关注度的话题作为待开发的选题方向，遴筛选出较为活跃的有话语权的人物作为作者，通过分析用户的个人信息确定目标读者，从而实现精准策划。以湖北美术出版社出版的《绘多肉》为例，该书策划编辑就是因为关注到一些社交平台上有很多关于多肉植物种植的交流和电商平台上关于多肉植物种植相关产品销售的火爆，从而判断出有数量庞大且潜在的多肉植物爱好者，可以专门策划一本多肉植物类的图书销售给他们这个特定的群体，于是在这本图书出版后很受欢迎，当年销量便达到了近 8 千册。除此之外其实还有很多方便的开放工具可以为我们的选题策划提供帮助，如微博的微舆情应用等。

# ■ 三、发行营销中的大数据运营

销售领域本来就是大数据技术的长项，它可以为精准营销提供海量的数据，以此建立起更加精确的市场定位与分析，更为高效地寻找客户。出版企业在数据的收集和利用方面应主要从两方面着手。

## （一）出版企业内部数据

出版企业的内部核心数据主要有：选题数据、印制数据、重印数据、发行数据、库存数据。出版企业特别要对新版图书、重点图书的发行数据进行跟踪监控，对同期图书入库数据、发书数据、退书数据和回款实洋数据进行对比分析，通过对这些数据分析可以为出版企业在新书首印数、老版书重印数、经销商评级、作者出版效益评价、出版品类分析、选题方向开发等方面提供参考依据。重点应从以下几个方面做好数据信息的收集、整理和分析工作：

### 1.旧版图书管理方面

出版企业应为销售过万册图书建立销售档案，按月份将书店、网上销售数据、出库数绘制成曲线图，从而可以从曲线图上直观清晰地看到不同月份重点品的销售及库存情况。对非正常原因引起的销售下滑，出版企业应要求市场部主任及时了解原因，采取改进措施。

### 2.新版图书管理方面

从上市一年的新书中，结合各销售渠道销售数据，及时发现有潜力的新版图书品种，将其确定为重点产品，并制定有针对性的营销方案进行重点营销。市场部要定期抽查重点产品的营销措施的落实和市场反馈效果，发现问题及时改进，确保新版重点图书能尽快占领市场并保持一定的成长性。

### 3.客户管理方面

围绕重点客户提前进行主发数量统计，出版企业要搜集所有重点客户的销售数据，建立重点客户数据库并定期更新，市场部相关人员要进行数据分析。围绕这个数据库，会对重点品从客户、产品线等不同维度进行分析，为销售提供指导建议。

### 4. 作者管理方面

通过对销售过万册图书的作者信息收集整理,建立出版效益高的重点专家作者数据库。编辑部门和发行部门要制定一套机制,做到对此数据库的重点作者资源进行维护,与他们定期保持沟通和感情维系,及时反馈他们的作品的销售状况和出版社的营销举措,听取他们对自己作品的优化和营销建议,同时随时关注他们是否有新的有价值的选题开发计划,以便抢得先机。

## （二）出版企业外部数据

出版企业外部数据信息主要包括本社图书用户的性别、年龄、职业、爱好、地理位置等个人信息、用户的浏览记录、收藏记录、购买记录、评价记录等信息,以及各线上平台的产品、用户信息,其主要来源于三个渠道:

### 1. 出版企业的官方网站

绝大多数出版企业都建立了自己的官方网站,但多数出版企业只是利用其作为宣传窗口,展示自己出版的图书。其实,出版企业的网站还可承担一个重要功能,即用户信息的搜集与挖掘。通过用户浏览网站后的"痕迹"可以搜集到的信息包括:用户的注册信息,如用户的性别、年龄、职业等;用户的行为信息,如用户对网页的浏览记录、在各网页停留的时间记录和图书的交易记录以及分享和评价记录等。通过这些数据的收集、整理和分析,出版企业可以了解用户的购买兴趣和各图书品种的受关注度,从而实现图书选题的精准策划和图书的精准营销。

### 2. 图书数字化客户端产品的开发

随着数字化图书、互联网＋图书的流行,出版企业为特定的图书推出了基于智能手机、电脑的二维码、App 作为辅助学习、阅读工具。用户可以通过用智能手机扫码注册或第三方授权的方式登录使用,在客户端上进行阅读、评论、分享等行为。出版企业即可以通过客户端软件采集相关信息数据,进行用户的阅读需求分析。例如,目前已有一些新闻或音乐客户端,通过对用户数据的分析,推送用户感兴趣的内容,这就是基于对大数据的运用。

### 3. 第三方平台

第三方平台主要包括如当当、京东、天猫、亚马逊等电商网站,三大运营商,博库、豆瓣其他资源聚集平台以及开卷等图书数据服务公司。通过第三方平台不仅可以掌握自己产品的相关数据,更重要的是可以掌握同类竞争产品的销售情况,以及整个图书行业的发展形势。此外,微博、微信等自媒体的出现,也增加了出版企业的新型营销手段,不仅拉近了出版企业与读者、用户之间的距离,同时也增加了企业搜集用户数据的渠道,通过微博、微信可以更精准地把握个体的阅读需求,从而可以进行内容和服务的个性化、定制化推送。

发行营销方面的数据信息可以利用Excel软件自动生成各类图表,包括销售表、库存表、饼状图、柱状图、折线图等，或做成直观的生命周期折线，从而分析一本书的销售走势，当在提出重印计划时，可以通过这个销售走势图，决定是否需要重印，重印量多少。

当今大数据的应用已经渗透到各行各业，极大地促进了社会经济的发展。作为传统的出版行业，也必将迎接大数据的改造和升级。然而，当前出版行业与真正意义上的大数据运用，还存在一定距离，但仍然需要出版企业为迎接大数据做好充分的准备。第一，应以大数据的思维与视角开展出版业务，从产品的策划到内容的整合，再到产品的发布与推广，充分挖掘和利用数据价值；第二，要加快信息化建设，先完善自身的数字化信息基础设施的建设，为大数据提供可靠支撑和信息来源；第三，培养一批掌握数据分析能力的出版编辑是目前的当务之急。随着互联网技术的快速发展，我们有理由相信，出版业的大数据出版时代会很快来临。

## 第八节　基于大数据的数据挖掘技术在工业信息化中的应用

在科学技术快速发展背景下，互联网的大范围普及，使各个行业发生了不同程度的变化。信息技术以其独特的优势得到了广泛的应用，社会信息量不断增长，传统的技术和手段已经无法满足数据处理需求，数据记录逐渐从以往的纸笔记录方式转变为电子记录，涌现出大量新型数据的非结构的数据信息。在这样的环境下，对于数据信息的收集、分析、处理和运用则是大数据时代下数据挖掘的主要内容，研究数据挖掘对于社会进步和发展意义较为深远。

### 一、工业信息化技术和数据挖掘相关概述

在工业信息化建设中，工业设计和生产制造等多个环节中应用自动化系统，在一定程度上可以提升工业信息化水平和生产效率，带来巨大的经济效益，同时也产生海量的数据资源。因此如何从中挖掘出更有价值的信息，对于后续的管理和决策具有重要参考意义。大数据挖掘技术从海量数据中挖掘潜在的价值，为工业发展提供有利条件，常见的方法包括聚类分析、关联分析、分类预测和偏差检测等等。

（1）聚类分析。工业大数据主要是指生产期间设备运行产生的数据信息，这些数据缺乏具体的描述信息，可以通过聚类分析方法，将数据划分为多个簇，确保各个簇之间保持差异，簇内则保持高度相似性，将相类似的数据划分到一组，不同类别数据划分到多个簇。

（2）关联分析。工业系统运行中所产生的大数据主要包括工业设计、制造和生产等多个环节，数据信息之间联系较为密切，主要表现为时序关联关系、日志操作关联关系等等。

（3）分类预测。在工业大数据挖掘中，很多数据信息保存较为混乱，这些数据由于

种类较为繁多，设备维修和更换记录版本多样，缺乏统一的标准。所以，通过分类预测可以挖掘数据信息潜在价值，为企业管理提供可靠的数据依据，在此基础上发挥预测管理功能。

（4）偏差检测。数据挖掘中，对于异常数据的挖掘，是数据挖掘的一个主要功能，其中也包括生产安全监测，即偏差检测。工业生产中，偏差检测表现反常实例、里外模式和观测结果等，随着时间变化而变化，在获取观察结果基础上，对比分析结果差异，将很多没有价值的信息过滤掉。

## 二、工业信息化中数据挖掘技术

工业信息化中，越来越多先进技术应用其中，尤其是自动化系统在工业生产中的应用，由于传感器、移动通信技术不断优化完善，其逐渐朝着高密度的信息化运行模式发展。先进的信息系统应用其中，产生了海量的数据信息，致使传统的生产模式已经无法使用，因此应该从多种角度着手分析，借助大数据挖掘技术，在工业生产科学管理中应用。这样，在工业大数据挖掘中，借助先进技术推动生产模式创新，包括 BP 神经网络、K 均值、遗传算法和贝叶斯理论等，从海量数据中挖掘有价值的信息，在此基础上衍生出新式的工业生产模式，结合工业生产建立完善的大数据挖掘系统。

### （一）K 均值

K 均值是一种常见的聚类分析算法。工业生产中，很多用户事先并未设立明确的期望目标，数据背景知识知之甚少。所以，可以借助 K 均值算法建立聚类分析数据模式，在工业设计数据挖掘中应用，为企业提供更加高层次的设计案例，切实提升企业设计水平。

### （二）BP 神经网络

BP 神经网络作为一种新式数据挖掘技术，在实际应用中可以了解风险特征，将工业生产设备运行数据输入到系统中，实现数据的自动分析和处理，了解设备的更新次数和维护次数。这种工业设备运行管理模型实际应用速度较快，可以获得精准的结果。工业大数据分类预测中运用 BP 神经网络建立分类预测系统，实现大数据运行维护记录的准确分析和判断，了解设备的运行情况以及可能出现的异常情况，切实提升工业设备运行维护效率，尽可能避免安全故障出现，创造更大的经济效益。

## 三、工业大数据挖掘的作用

随着自动化控制水平不断提升，大数据挖掘技术以其独特的优势被广泛应用在工业生产安全监测领域，在一定程度上提升了工业生产安全管理水平，推动工业生产逐渐朝着智能化方向发展。

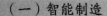

### （一）智能制造

在生产领域快速发展背景下，大数据挖掘技术以其独特的优势被广泛应用其中，可以有效提升生产制造的智能化水平，贯穿于设计、制造和生产等多个环节，进一步提升产品设计功能和产品质量，而且还有助于降低生产成本，创造更大的经济效益。钢铁工业制造中，生产工序复杂，涉及众多环节，环节之间联系较为密切，每个环节需要设置复杂的工艺参数，因此可能产生不同程度上的缺陷，包括裂缝、结疤和划痕等现象，这些问题都可能影响到生产质量。通过大数据挖掘技术构建缺陷识别模型，可以将钢铁中的缺陷进行识别和分析，了解缺陷类型，及时发现不合格的产品，寻求合理措施予以解决。

### （二）安全监测

在工业生产中，安全是一个永恒的话题，在生产监管中占有重要地位。为了确保生产活动安全稳定开展，应该充分发挥大数据挖掘技术优势，确保生产活动安全有序进行。在电力工业生产中，借助大数据挖掘技术的应用，可以实时监控电网运行状态，将数据输入到虚拟仿真系统中，及时发现和解决其中的故障问题。钢铁工业生产中，由于生产环境较为恶劣，环境处于高温状态，所以可以通过传感器和视频摄像头实时采集生产信息，对工业生产现场进行全方位监控，采集、存储和处理现场生产数据，而后将数据输入到系统中，确保工业生产活动有序开展，创造更大的经济效益。

在大数据时代背景下，行业数据库管理中数据挖掘技术的应用作用较为突出，无论是相关规则、粗糙集还是分类都是数据挖掘技术中的主要数据分析形式。在工业信息化建设和发展中，自动化系统的应用导致数据量不断增长，如何开发海量数据中有价值的信息，就需要借助大数据挖掘技术来实现。

### （三）避免数据挖掘技术信息失真

在大户数背景下，数据挖掘技术信息主要是来源于个人、企业和社会，对数据信息统筹规划，赋予数据信息独特的公共物品特性，有助于进一步发挥个性化职能影响，有序开展数据挖掘技术管理工作。通过数据挖掘技术，提升信息化水平，建立数据挖掘和管理平台，整合数据挖掘技术信息资源，促使业务和技术操作一体化发展。只有这样，才能使信息资源的监控一体化实时展现，带来更大的效益的同时，还可有效提供评价体系指标，对现有流程进一步优化和完善。

在工业信息化建设中，工业设计和生产制造等多个环节中应用自动化系统，尽管在极大程度上提升了工业信息化水平和生产效率，带来巨大的经济效益，但也正是由于自动化技术的广泛应用，数据量不断增长，这些数据包括工业设计、生产和管理等多个环节。在海量数据信息中挖掘有价值的数据信息，就需要借助大数据挖掘技术进行挖掘，将这些数据存储到系统中，为后续的生产管理和决策提供可靠参考依据。

# 第九节 基于大数据与人工智能的大数据获取
## 方式变革应用

大数据与人工智能的快速发展正在给传统工业生产方式带来颠覆性、革命性的影响。通信、网络和硬件设备等只是实现工业化企业互联互通、融合创新的基础，在实时感知、采集信息、监控生产的过程中会产生大量的数据，运用先进的数据分析手段可以对企业拥有和产生的大量数据进行深度挖掘，获得有效的分析结果，智能制造才得以实现。通过条形码技术、无线射频技术、物联网、全球定位系统技术、地理信息系统技术、ERP、CRM、工控系统等技术的广泛应用，可以快速收集、处理、分析数据，推动工业企业实现生产流程各环节的互联互通。就目前大数据获取方式的现状、数据获取方式存在的主要问题、未来获取方式的变革和策略进行分析，并阐述了大数据获取方式的变革趋势。

## 一、目前获取方式的现状

### （一）大数据采集方法更加科学化

大数据采集能够通过 RFID 射频数据、传感器数据、社交网络数据和移动互联网数据获得各种类型的海量数据。由于有成千上万的用户同时进行并发访问和操作，因此，有必要采用专门针对大数据的数据采集方法，目前主要有系统日志采集、网络数据采集、数据库采集三种方式，常用的开源日志收集系统有 Flume、Scribe 等，网络数据采集主要是指通过网络爬虫或网站公开 API 等方式从网站上获取数据信息，一些企业会通过关系数据库（如 MySQL 和 Oracle）收集数据，这些更科学化的采集方法的运用也使企业获取更多可供挖掘的数据信息。

### （二）基于云计算的大数据平台不断完善

云计算的快速发展为大数据提供了一定的技术支持和有效的数据分析处理平台。通过云计算，利用先进的网络搜索引擎技术，可以全过程实时监测新闻、论坛、博客、贴吧、微博等各类网站近千万监测源。它还提供了多种分析工具和网络信息量化方法，帮助用户节省了大量复杂的网络信息收集和分析工作。目前国内外许多云计算平台均已趋于成熟，如阿里云、腾讯云、亚马逊、GAE 等，私有云模式也日渐清晰，仅在 IaaS/PaaS 领域，2017 年获得超过亿元人民币融资的私有云相关软件企业就包括星辰天合、灵雀云、博云、云途腾等。在云计算技术有弹性和低成本的特性下，也意味着将有更多中小企业可以像谷歌、阿里云等大企业一样完成数据分析。

### （三）大数据处理速度不断提升

为了更好满足人们日常工作生活的需要，大数据处理系统的处理速度和处理手段不断提升。数据的实时性是大数据的特点之一，所以对于数据的处理也体现出实时性。如网上购物交易处理、网络视频文字更新、实时天气和道路交通信息等数据的处理时间已经可以以秒为单位，速度要求极高。在未来的发展中，实时数据处理将成为主流，并不断推动大数据技术的发展与进步。如 SPARK 凭借多年大数据应用实战经验，它在流程处理、图形技术、机器学习、NoSQL 查询等方面都有自己的技术应用，与其他计算引擎相比，它在机器学习方面有着无可比拟的优势，适合数据挖掘与机器学习等需要多次迭代的算法。它有出色的容错能力和调度机制，可以确保系统的稳定运行，它借助自主研究开发的采集系统和算法模型，实现了实时数据响应，以确保数据应用的时效性。

## 二、目前数据获取方式存在的主要问题

### （一）大数据开放流通困难

对数据与信息的获取和控制是大数据产业的基础，数据流通是促进数据市场发展的首要条件。对企业而言，一是对客户以及潜在客户的数据采集和管理零散，严重影响数据的流通使用和共享，很难对线上、线下等多个维度的个人数据进行汇总，因而投资信息发送、附加产品营销、潜在客户经营等增值业务难以实现，使得个人数据的经济社会价值也难以发挥。二是在数据采集时，采集的数据大多数为静态数据，缺乏实时性，在我国，80% 以上的数据都是政府相关数据，研究评估发现，地方政府公布的数据中，平均 86.25% 是静态数据，只有 13.75% 是动态数据，远远不能满足和激发数据使用者的需求和兴趣。

### （二）数据产权模糊隐私容易泄露

大数据时代数据产权模糊，由于数据产权的模糊性，也给用户权益的保护带来了困难，非法利用和出售个人数据以获利，侵犯用户知识产权、隐私权、知情权等行为时有发生。企业或组织内部出现信息泄露更有可能会泄露几乎所有的数据资产，并且数据可能会在泄密后迅速传播，甚至会导致更严重的数据篡改和智能欺诈。目前，互联网上出现了大量的高新技术应用，如云计算，无线射频辨识系统和社交网络等，这也可能导致许多用户的隐私泄露。如今，电信诈骗、个人信息泄露等问题已经成为一个非常严重的社会现象，而这一现象大部分都是由于数据隐私泄露造成的。

### （三）大数据的行业标准规范仍待完善

由于不同行业不同企业的信息化程度不同，导致大数据行业标准难以形成。许多信息

系统重复建设，造成资源的大量浪费，并且无法解决数据共享困难、数据口径不统一等问题。没有统一的数据标准、技术标准、和统一标准的系统，造成了数据共享互通的障碍。目前，大数据的相关标准建立仍处于探索阶段，行业大数据的安全规范还不够完善。随着大数据在多个领域的深入应用，在行业缺乏统一标准和规范的情况下，单纯依靠企业自身的控制管理将会带来更大的安全风险。

### （四）大数据获取质量水平仍待提高

大数据的获取仍存在数据应用响应速度不足、数据系统不够集中、数据质量较低等多个问题。数据的质量不足，主要表现在获取的数据重复、数据错误、数据丢失以及数据格式不统一等方面，且大数据来源复杂，会存在小概率偏差，所以可能会导致大数据分析的结果有时不可信赖。数据信息大部分分散于多个数据系统中，且不同系统标准不一致，导致现有的数据采集能力难以满足当前大数据分析处理要求，数据获取手段仍需进一步提高。

## 三、未来的获取方式变革及策略

### （一）建立信息共享机制、进行整合规划

一是针对不同企业数据封闭和分散等问题，应由政府机构领导，分段推动企业进行安全可控的数据开放共享。政府可以从明确最低开放标准，制定统一数据目录入手，搭建数据共享平台，打破不同企业间的数据壁垒，进行有效的整合协同，克服跨组织数据流通障碍，推动大数据产业的发展，企业大数据、行业大数据和政府大数据可以进行产权界定及建立开放共享机制。其中一些数据可以作为公共数据，免费向社会开放。

二是对行业数据应用进行整体规划，集中目前存在的大部分分散性和临时性的信息数据，充分发挥数据价值，通过政府对行业的产业规划和政策扶持，加强定向引导，从而促进信息与数据的传播与流动，使得这些生产资料和数据能够更加充分有效地被利用。三是依托行业平台推进大数据应用成果共享合作。积极打造具有品牌影响力的大数据交流分享平台，创新数据使用和流通模式，建设大数据行业进行长期有效的沟通交流机制，促进大数据应用成果的经验分享和互动沟通。

### （二）促进大数据行业标准和安全规范建设

一是组织不同行业的各方主体，共同制定数据交易规范，使得规范统一，明确买卖双方的数据安全责任，确保大数据市场健康有序地发展；制定数据安全使用标准明细，对大数据的使用范围、使用方式、使用权限和安全机制等，进行严格规范化规定管理；建立奖惩机制和投诉机制，进行全过程的数据安全使用管理控制与源头追踪起诉。二是国家进一步开展相关的法律建设，为公民合理保护自己的隐私权提供法律依据和保护。规定在数据

开放和数据共享的同时，要对数据隐私保护给予高度重视，加强相关立法工作，从法律高度对侵犯数据隐私的行为予以威慑。我国政府也逐步颁布相关法律法规，规范个人信息资料的使用，例如在 2012 年审议通过了《全国人民代表大会常务委员会关于加强网络信息保护的决定》，2017 年出台了《中华人民共和国网络安全法》，这些规定提出了个人信息收集、使用、传输、存储的相关要求，并明确了个人信息泄露后的罚则，但个人信息的泄露仍然存在，仍需加强法律建设。三是加强对数据产权保护有关工作的统筹规划和政策协调，加快相关政策落实推进，以深化大数据融合创新产品、业务和模式的发展。其次，要完善政府监管方式，推动形成支持大数据发展的全新监管环境和体系，努力营造出破除束缚、汇集众智、促进创新、保证公平的良好环境。

### （三）引入数据挖掘技术开发深层次的数据采集系统

一是通过使用数据挖掘技术，智能化、自动化地从数据库、系统和移动互联网等信息源中提取有效信息。为了消除数据的缺失和多余重复，可以利用查重、去重、过滤和转换等预处理方法，将散乱无序的信息标准化、规范化，提高数据采集的质量和效率。通过数据集成等工作可以推理出新的信息，实现信息增值。二是通过使用数据挖掘技术为数据采集工作提供全程全面的支持。从产品研发到生产销售、从市场营销到售后服务的提供，企业的数据采集贯穿了整个生产运作过程，数据挖掘技术可用于产品生命周期的整个循环系统中，以帮助企业从内外各种数据源中获取有用的信息和知识。三是通过使用数据挖掘技术增强数据采集的科学性。基于数据挖掘的智能采集融合了自动化、系统科学、概率统计、计算机电子信息等多学科的方法理论，利用关联模式、聚类分析、预测、时间序列、偏差检测等方法，对数以万计各种形式的数据源进行全方位地采集、统计、分析、处理和合理推理，揭示出企业、产品、人和动作等多实体之间存在的内在联系，获得隐性的、深层次的信息。

## 第十节　大数据的数据挖掘技术在智慧校园系统中的研究应用

随着信息技术的快速发展，高校信息化建设从数字校园已经进入新的智慧校园发展阶段。大数据、云服务、物联网、移动互联网等应用也成为高校创建智能化、智慧化校园服务平台的关键技术。智慧校园建设周期长、涉及部门多，内容复杂，故在智慧校园建设过程中会面临着一些问题，基于此点，本节对大数据时代高校智慧校园服务平台的建设，进行深入研究与探讨。大数据环境对创建智慧化校园服务平台具有重要的推动作用，因此，在智慧校园应用平台建设时，必须做好整体规划和设计。通过各种智能终端、可感知设备和应用系统获取海量数据，运用大数据技术，对数据进行挖掘、分析决策，建立大数据应用服务平台，为高校创建智慧校园提供指导性的建议。

在大数据背景下，高校在信息化建设过程中，不同类型的数据呈爆炸式增长，其主要包括教学数据、管理数据、学生信息以及教学资源等相关数据。这些数据其中包含了对学生的日常行管理、学校的教学管理方针，其数据多样、结构复杂、数据量巨大。因此应合理的利用大数据技术，对海量数据进行整理、挖掘、分析与决策，将其转化为可以服务于高校的可利用资源，这将对高校建设智慧校园起到一定的积极作用。

# 一、智慧校园的特点

随着大数据时代的到来，信息技术的不断革新，推动高校信息化从数字校园向更高层次的智慧校园建设发展。如果在智慧校园建设过程中综合运用大数据、云计算、物联网、移动互联网等一系列的信息技术，将传统的校园服务资源整合优化，建成信息统一、技术先进、应用深入、高效稳定、安全可靠的智慧校园，从而打破空间、时间界限，将分散、独立的信息管理系统与校园中的资源整合，把校园打造成以物联网、移动互联网为基础、各种应用服务系统为载体，校园环境智能感知，校园教学全向交互，教学、科研、管理、生活一体化的智慧环境。最终帮助实现管理高效协同、校园生活个性便捷，智慧化、智能化的服务。

# 二、大数据背景下智慧化校园服务平台的建设

## （一）大数据背景下智慧化校园平台的设计

当前在大数据背景下，各高校规划智慧校园过程中，应以之前数字校园建设为基础，充分进行调研，并结合实际情况，合理地进行智慧校园设计，从应用出发，利用新的技术，才能推动智慧校园建设工作的顺利进行。使智慧化校园服务平台的价值有效发挥，从上至下建立统一规范的完善管理体系，才能全面提升校园服务质量和效益。高校智慧校园总体框架由基础设施层、应用支撑层、业务应用层及终端呈现层和信息标准及规范体系、运维管理、安全运作体系组成。然而，在大数据背景下，高校智慧校园服务平台业务应用建设，主要包括三个方面的内容：数据引擎平台、数据分析平台、数据服务平台。

在应用该系统软件的过程中其中主要包括智慧化校园的应用层、支撑平台层、数据管理与智能信息采集层、储存与计算层、网络通信层。在大数据背景下创建智慧化校园为各高校信息提供了安全保障与完善的运维服务体系，其中还包括了学工应用系统、教务应用系统、办公系统等以及其他应用系统，继而实现了信息收集、储存、分析、处理、交换共存等功能。因此在高校中只有创建智慧校园服务平台才能将校园中的所有数据进行统一、集成、共享、挖掘、分析，从而实现对校园智能化管理。

## （二）对数据进行整合，创建资源云服务平台

高校教学管理过程中，多媒体教学的方式与教学资源已经成了不可替代的教学手段。行业各类信息，数据已呈现爆炸式增长趋势，数据快速化、大量化、多样化冲击着高校传统的数据存储使用方式。原来大量分散性的资源，是存储在各个部门或独立的应用系统中，形成了信息孤岛，导致数据利用率差。为了解决这一问题，必须充分合理的运用资源平台，应用大数据、云服务，构建集成统一的数据中心，对数据资源统一、规范，进行海量存储，整合优化；有效共享、合理利用。大数据、云服务不只是信息技术的集合，也是高校智慧校园建设发展过程中创新应用思路，更是高校从"以事物为核心"驱动应用向"以数据为核心"驱动应用转变的主要动力。

## （三）创建决策支持数据平台

在高校信息化发展历程中，存在多个功能单一的业务系统，产生了大量的数据信息，但这些信息只是简单保存在数据库当中，并没有被充分挖掘和利用。大部分校务管理只是局限于校园的数据平台中，获取数据是将数据从各类信息系统的底层信息传输到自己的计算机上，经过简单处理加工后完成低效率的管理。而在智慧校园服务平台建设中，建设数据中心是实现跨系统、跨部门对数据进行获取、分析、挖掘数据有用价值进行决策。通过对校园各类应用服务信息，运用不同形式的数据维度、主题模型对各类系统进行全景式数据治理、数据挖掘、分析决策及综合运用，帮助高校提供快速、精准、智慧服务，从而全面提升高校的教学、服务和管理水平。

当前在我国建设智慧化校园的工作中，各高校既有类似发展历程，也具各自的特色。因此高校在建设信息化智慧校园建设不能盲目进行，应根据校园建设信息化的实际情况，遵循数据的整合规律，创建出符合高校实际情况的智慧校园，为高校信息化可持续发展提供有力的保障。

# 三、大数据挖掘技术在智慧校园建设中的应用

## （一）支撑智慧系统总体构架

智慧校园建设的主要功能是利用数据资源满足学校各方业务需求，例如向师生提供教学共享资源、为学校领导提供科学决策依据、为校园后勤管理提供资金资源报表等。大数据挖掘技术对智慧校园系统总体构架起支撑作用，利用该技术构架的系统可以分为应用层、管理层、网络层和感知层四个部分，大致内容如下：

第一，系统应用层。智慧校园系统的应用层涵盖范围是所有校园业务处理系统，比如学生管理系统、人事管理系统、教务信息管理系统以及档案安全管理系统等。它所采用的

构架模式是面向服务式，指的是先从海量数据中筛选出关联信息，然后对信息进行分析和处理，利用图形化系统界面将信息结果直接展示给需求者，以此为教师提供网络教学服务、为学校提供信息管理服务，从而促进智慧校园更加便捷。

第二，平台管理层。智慧校园系统的平台管理层是由支撑层和基础层两部分组成，支撑层以大数据挖掘技术为依托，利用云计算技术、计算机技术对系统中的数据信息进行挖掘、汇集、传递和共享。基础层的主要作用是储存、备份以及计算，智慧系统利用平台基础管理层可以将内部数据进行集中化和规模化处理，管理人员通常会利用关键词查询，我们以英文为例进行倒排索引：常使用的索引方法为正排索引和倒排索引，前者具有易维护和耗时长特点，后者具有维护成本高但耗时短的特点；由于网络技术发展迅速，数据数量急剧增多，正排索引可应用性逐渐降低，所以学校应加强倒排索引在智慧校园系统中的应用。

第三，网络综合层。智慧校园系统需要网络收集、连接各项业务数据，网络综合层便是各种网络信息的集中处理场所，它是由物联网、移动互联网以及校园网组成。在收集和整理网络数据时，一般会用到大数据挖掘技术、IP技术（有关无连接分组通信协议的技术）、无线通信技术等，以及网络综合层的功能作用信息传递，利用它可以将感知层信息传递至管理层。

第四，感知层。感知层是智慧校园系统收集数据信息的主要手段，智慧系统利用全球定位系统（GPS）、射频识别通信技术（RFID）、传感器等设备采集数据。例如一卡通可以收集学生的消费信息、医疗信息、出行信息等。感知层将这些数据信息先进行初步量化处理，然后将其传递至管理层，系统自动会对其进行整理，最后成为学校整治校园、科学决策的依据。

## （二）挖掘、分析数据信息

大数据挖掘技术的基础应用功能是挖掘与分析数据信息。智慧校园的信息来源渠道非常丰富，门禁、监控、食堂以及图书馆等都是信息来源；数据内容十分冗杂繁复，比如学生个人信息、课程教学信息、网络访问信息、校园超市购物、多媒体教室使用、校园出入以及实时监控等。大数据挖掘技术可以从上述数据信息中挖掘出关联性较强的数据，将其分别转化成独特编码，联系大的信息规整为一类。例如某同学的校园出入记录、食堂用餐消费、图书馆借阅信息等，便于校园管理者查询，可以有效降低学校工作者和智慧系统的负担。

首先，教师可以利用大数据挖掘技术构建科学高效的评分机制，将学生的平时成绩、小考成绩与期末成绩进行汇总，综合分析学生的学习能力与学习情况，以便制定正确的教学方案，实现提高教学质量与效率的目的。教师还可以利用大数据挖掘技术，结合学生的学习成绩、在校表现、课外实践参与情况，对学生提出综合性评价，为学生提供学习、生活、专业与就业上的帮助。

其次，学校可以利用大数据挖掘技术完善智慧校园系统，构建学生行为信息数据库，将学生的课程信息、身体素质、体貌特征、在校时间、课程学习等基本信息记录在案，并针对上述数据信息制定常规范围值。学校还可以根据学生的用餐数据、购物信息，对学生的经济条件进行分析，利用大数据挖掘技术构建贫困信息数据库，这种做法不仅能够为经济条件有困难的学生提供经济支持，还能有效避免助学金挪作他用的行为。

### （三）为智慧系统提供技术支持

将大数据挖掘技术与智慧校园建设充分结合，才能真正提高教学质量、管理效率与服务水平。本节再次以校园一卡通为例，阐述大数据挖掘技术如何为智慧校园系统技术支持。

一卡通是智慧校园的重要组成部分，贯穿着整个智慧系统的各项业务，由于一卡通内部设有身份识别芯片、金融服务程序、公共信息服务等功能，所以学生和教师利用一卡通可以完成进出校园打卡、食堂用餐、图书馆借阅、校医院治疗、校园超市购物等工作，对其日常生活、学习、工作提供信息支持与技术支持。一卡通系统与智慧校园系统直接连接，能够对金融系统、感知层进行信息对接，将海量信息数据分别传输至指定数据库，从而对具有实际价值的信息数据进一步挖掘，有利于学校对整体资源进行优化配置，提高资源利用率，避免不必要浪费。

智慧校园服务平台是智慧系统接收、处理信息的对外场所，主要向身份认证、数据共享、统一信息门户这三大主要应用提供技术支持。它可以利用大数据挖掘技术对三大应用的数据进行整合、分析和展示，以此提高智慧系统服务水平。例如，通过大数据挖掘技术对身份角色的权限进行分类，完成身份认证；对学校内部产生的各种数据信息进行存储，实现数据信息共享；为其他智慧校园子系统提供接口，确保信息数据统一。

综上所述，在大数据时代背景下，将大数据挖掘技术与智慧校园建设充分融合，成为学校提高教学质量与服务水平的有力手段。它可以对智慧校园的海量数据信息进行量化处理，促进教学资源共享，还可以为移动客户端提供支持，因此，学校和教育部门有关机构应加强大数据挖掘技术的研发力度，推动智慧校园建设发展。

# 第十一节　大数据技术在校园消防系统中的应用

伴随着现代科学技术信息的发展，在校园的安全管理过程中，消防系统安全也开始运用信息技术，其中大数据技术得到了广泛的运用，通过数据的采集挖掘和提纯等可以实现消防安全信息的掌握，也能为校园安全管理保驾护航。因此本节对大数据技术在校园消防系统当中的运用进行分析和研究，希望可以给相关的教学工作者带去一定的参考和建议。

近年来伴随着教育事业的发展很多高校也出现了比较大型的建筑，这些建筑中消防系统的完善直接关系到校园的安全，因此为了能够减少火灾隐患和可能出现的火灾情况，还需要完善消防系统的设计，运用大数据技术让更多的信息体现在消防系统中，也让人们的管理更加明确。

# 一、大数据技术在消防系统中运用的优势

首先，大数据技术的特点。所谓的大数据就是数据的集合，是海量数据放在一起进行的快速的转换与分析。大数据具有快速流转和低密的特点，可以进行存储以及管理。因此人们在大数据当中可以获取很多有价值的信息，用于支撑自己的工作。

其次，大数据技术运用的优势。运用大数据技术可以挖掘隐藏在海量数据当中的有效信息，给校园消防安全提供更多有意义的支持，并且在科学技术的不断发展过程中，消防系统中有了具有传感器节点，这个节点通过多方面地展示不断丰富，让其对环境的感知力越来越强，在海量的数据对比分析之后，从而进行更加精准的运用。很多传感器的数据都是通过物联网和楼宇的控制系统进行推广的，这样给校园消防安全管理带来了极大的便捷。

# 二、消防系统中大数据的采集

伴随着物联网技术的发展，融合传感器以及消防装备也是多种多样，引进了消防机器人技术，这些都被称为是智能的网络物理系统。在这个系统当中，消防管理人员可以按照传感器的反应，了解消防环境，并且从多种数据当中分析出自己的可用信息。关于数据的采集，以往是运用传感器的方式，现在已经进行了扩充，延伸到楼宇数据，还有消防设备的数据以及其他消防装备数据等等。运用数据集合的方式做好数据传输的处理工作，在接口协议上做好多种整合，这样才能够保障数据的有效采集和使用。数据的来源有很多，例如谷歌地图、校园环境或者是人员的变化以及教学设备的使用，消防设备等等，通过互联网云端数据传感器和历史数据的集合，可以来查看火灾隐患，进行火情估算，准备出镜或者进入现场等等。

# 三、消防系统中大数据的监测

大数据监测涉及消防安全的各个方面，其中涵盖了校园的每一个角落以及每一层楼。大数据监测覆盖面非常广，监测点也比较全面，具有较强的代表性，这些信息足以反映出消防系统的运行情况。在消防系统中要对校园的环境和建筑物进行多方面的监测和突变性分析，做好随机的数据运行规律了解，并且对每一层都要进行管控。在所进行的数据指标监测中，还需要以最小的取得量和最佳的运算效果为标准进行系统的认知，这些指标数据可以运用传感器的方法进行采集。但是若是监测的不是十分全面，并且数据量也比较少，那么就可能给系统的维护和运行带来较大的难度。例如某校的消防系统当中，使用了三层次 58 指标的体系，使用具体的指标做好层次的分解工作，所监测的数据能够展示出校园

消防安全的变化情况。例如，在校园内进行某个区域的预警，就可以使用 CPS 自运行数据分析的方式，通过对监测数据的使用，做好历史预警的训练，运用向量机型做好消防规律的辨别工作，预警出具体的消防现象或者是时间节点，若是某些设备出现了异动，如消防设备负载过大，就需要筛选出不符合规律运行的信息数据，然后进行具体的问题分析。

## 四、大数据下消防系统的架构与功能实现

在消防系统当中，上层是数据的整合和分析，系统当中有数据资源、数据的整合、数据的分析和数据运用的实现。资源层次是依托于大数据平台进行的数据集合，程序员可以对这些数据做出库和移库的处理，做接入和导出的工作，使用数据分析能力了解多个节点的变化。数据整合是消防逻辑与分析，通过在平台当中进行数据筛选，查出具体的要运用的数据对象，然后建立表，这样也可以便捷地进行查询和历史空白数据的填充，做好消防项目的关联工作，也为下一步的消防系统设计做好准备。消防系统功能的实现还需要监测网络提供大量的数据，与实时的海量数据结合在一起，通过网络拓扑以及时间位置等等进行运行结果的监测。使用谷歌地图数据展示校园消防情况，对具体的建筑物进行场景展示，标注隐患位置和重点管理位置，减少和消除火灾隐患。

综上所述，本节对大数据技术在校园消防系统中的应用进行了分析和研究，大数据技术的运用可以实现数据的采集、分析以及系统的架构和功能的实现，减少校园火灾隐患，为打造平安安全校园贡献力量。

# 第十二节　数据挖掘在教育大数据中的应用

随着物联网、大数据、云计算等新兴的网络技术在智慧校园建设中的广泛应用，使得教育信息化迅速发展，导致教育数据迅速增长和教育大数据的出现。然后这些飞速增长的数据没有等到有效利用，为了解决此问题，文章利用数据挖掘技术对教育大数据进行分析研究，从中挖掘出有价值的知识。这些知识被广泛应用在指导学校的日常管理、优化教师教学模式、激发学生自主学习兴趣等方面，效果不错。

随着网络通信和计算机信息技术的发展与应用，人类社会已经进入大数据时代。人们可以感知记录种类繁多和规模超大的网络信息数据，同时通过分析和处理这些海量数据，能够对蕴含其内的核心信息进行深度挖掘，得到更多的价值信息。这些知识已被应用于交通运输、银行保险、科技医疗等各个行业，能够很好地指导和促进企事业的管理与发展。目前信息化技术的迅猛发展使教育信息化进入一个新阶段，随着网络学习和各种应用系统的普及推广，教育领域的关于教师和学生的各类相关数据量增长速度很快，这些教育大数据直接影响学校的日常管理、教学效果和师生的工作学习生活。智慧校园使大数据、云计

算、物联网和数据挖掘等网络技术与学校教育深度融合，特别是数据挖掘技术在教育领域的广泛应用，便于从海量教育大数据中获取有利用价值的隐藏信息。通过分析研究这些来自于教师（科研能力、授课情况、个人信息等）和学生（基本资料、学习行为、课外活动、消费记录和社交圈子等）各个方面的有用的知识，将其合理应用到教育教学的多个环节，能够支持领导决策、改善教育质量、促进教育公平、指导学校的日常管理和教学活动等；同时也能够弥补数据挖掘在教育大数据领域中的应用研究这一空白。

大数据（Big data）又称巨量资料，指在一定时间范围内无法通过常规软件工具进行采集存储和分析研究的数据集合。只有利用新的处理模式才能够挖掘出其更强的决策力、流程优化能力和洞察发现力的多样化、高增长率的海量信息资产，才能指导企事业单位管理决策。

## 一、教育大数据

教育大数据（Educational big data）是指根据教育研究的需要从整个教育教学活动过程中采集而来的，能够创造和发挥其潜在科学实用价值，以此来促进教育事业的发展。它主要来自于政策制度、教学计划、培养方案、学籍状态等教学管理实践；学习行为、课堂视频、师生互动等教学活动；参考资料、MOOC、教学课件、试题库和 Q&A 教学资源；个人信息、成长发展、工作或学习记录等师生的各类基础信息资料。

数据挖掘（Data mining）是从大量不规则和结构复杂的数据中，获取隐藏的有用信息或知识的过程。它以数据为基础，通过各种挖掘算法获取海量数据中所包含的有利用价值的知识，故数据挖掘包括数据、算法和知识这 3 个基本要素。

## 二、数据挖掘技术在教育大数据中的应用现状及意义

目前我们所谓的关于学生的基本信息、课堂记录、科研信息、课堂实践这些数据只是教育大数据的冰山一角，还有大量与教学有关的大数据没有被采集。例如学生的家庭状况、课外活动、学习行为、经济状况、消费习惯、社会关系、微信朋友圈、QQ 好友、博客、论坛社交圈等数据同样对我们判断和研究学生的学习动机和兴趣爱好等作用很大。但是因为我们以前的数据挖掘技术还不够成熟，因此教育大数据已经浮现出来，而且利用目前的技术手段收集到的只是一部分，这就需要利用数据挖掘对教育大数据进一步地挖掘研究。例如哈佛大学从幼儿园就录制和保存孩子成长视频，通过长时间仔细观察和研究孩子的表情和兴趣点，然后从中挖掘出孩子的兴趣爱好、性格特点和将来可能从事的职业及研究方向。数据挖掘被合理应用于教育大数据中，不仅能够了解学习的课堂表现、学习兴趣和生活习惯，还能够深度管理老师的教学状态和科研活动，这就让教育管理部门能够科学动态评估教学质量。改变了以往仅能利用分析学校资产、财务账目、师生比例、图书资料的册书和人均查阅量等这些基础报表来了解办学状态，通过这类缺乏实时性的静态报表数据很

难反映总体教学质量，局限性很大。通过对教育大数据的分析挖掘，可以合理有效地配置教育资源，实时监测教育网路舆情，合理科学的评价教育质量，分析学生个性特点和兴趣爱好因材施教，提供个性化的导学帮助和学习状态的干预警告促进社会公平，也能指导未来社会人才培养机制，能够提升教学管理精细化和现代化。

# 三、挖掘技术应用于教育大数据

## （一）应用于学校的日常管理

教育数据的挖掘，对管理部门、教师、学生和技术研发人员具有重要的意义。学校的教学管理数据库中记录着所有教师和学生的工作学习、科研活动、社会实践、处罚奖励等相关情况，领导可以利用数据挖掘技术对教学资源和管理数据进行深入的关联分析，找出师生各种常见行为或活动之间的内在隐蔽联系。并在管理中采取过程监控、风险预警、分类管理、趋势预测等措施，改变了以前定性和模糊的分析和评价老师课堂教学质量的不科学现象，能够改善学校目前的考核管理方式，实现智能准确、高效管理学校的各项工作，为教学应用和学校发展提供有效科学的决策依据。

## （二）应用于教师教学，推动教学改革

在通常情况下，在教师平时的教学过程中采用讲授法、调查法、参观法、实验法、实习法、分组讨论法、计算机辅助教学法等多种教学方法来完成自己的教学任务。由此通过运用关联规则或回归线性分析数据挖掘等方法来分析研究相关的教育大数据，选择有利于学生知识吸收和教学需要的最佳授课方式。又如采用数据挖掘技术通过智慧校园跨平台了解学习其他老师的优秀课程和教学方法，研究学生个性化学习工具、网络学习过程、兴趣爱好和学习行为，有利于掌握其学习规律和特点，能够为其推荐合适的学习资源，优化学习方法和改善开展自我导向的适应性学习和提高课堂教学质量。它为教育教学活动提供实时科学的信息数据，有助于形成关于教育教学的智慧决策，提供客观依据有利于教育教学活动的有效实施，做到尽可能地实现和完善教育教学活动的价值与功能。

## （三）应用于学生学习，增强自主学习意识

通过挖掘教育大数据，可以对学生的学习成绩、兴趣爱好、消费轨迹、行为记录及奖励处罚数据库等相关信息进行分析研究和处理，能够快速获取学生的鉴定结果，便于及时禁止和指正学生不良学习行为。这样既能减轻教师的工作量，又能够避免教师对学生先入为主的缺乏客观和公正的主观武断性评价。利用教育大数据的挖掘结果来科学评定学生的学习行为，其优点是合理地反馈学生信息、激发学生学习兴趣、发现学生的个性需求和实现因材施教。根据学生的个人信息、学习成绩、网上学习轨迹、性格特点、知识结构等相

关信息，挖掘出学生的基本特征，宏观指导和微观帮助学生不断修正其学习行为。学生不再局限于本校的某位老师的课堂教学，可以自主选择全球范围内的相关课程的著名学者的优秀课件，根据自己的时间和需求来自由学习，这样不但提高了学习效率，而且还培养了学习兴趣。有利于教师通过比较事先制定的学生行为标准和实际通过数据挖掘技术对学生个性特征的分析结果，可以指导学生完善人格、修正自己的学习行为和提高学习能力，有利于学生综合素质的全面发展。

### （四）应用于专业技术人员的研发，为教育提供新技术与新模式

在教育大数据中借助数据挖掘研发人员发现智慧校园中各应用系统的使用频率和相关内容，然后根据师生需求优化系统的操作方式和用户界面，不断完善系统以便提高服务质量。挖掘结构化和系统化的教育大数据，将MOOC，游戏学习等新模式和云计算、虚拟技术、3D打印、网络计算、引擎开发等新技术应用于智慧校园建设中，通过对教学过程的实时监控和分析研究来保障教学质量。

### （五）为教育资源建设、运用和共享提供了新思路

教师的教学和学生的学习活动能够实现的基础就是教学资源，以前通过教师的自主研发和教育主管部门的配发来建设教学资源，而教师的自主研发极易出现资源技术含量低、可用性差和重复率高的弊端，政府配发的资源只能满足大部分师生的需要，无法满足个性化需求。挖掘教育大数据为教育资源的建设提供了新的思路，也为教学资源库的构建提供技术支持，让优质资源的判定有据可依。它使广大师生能够方便地使用和共享存储在云端的教育资源数据，还能对大量非结构化的数据资源进行分析，挖掘出隐藏的有用信息，享受满足自身个性需求的数据资源，能够避免教学资源的重复建设和优质资源的浪费。

### （六）应用于设置课程和试卷分析，使其更加合理化

学生在校学习的过程中，课程合理安排的先后顺序非常重要，因为基础课程没有学的话，那么后继课程的学习就无法进行。即使是同一个年级的学生学习同一门课程，但由于授课老师、班级学习风气和自身的基础等原因，导致最终的学习成绩差别很大。通过数据挖掘的时间序列和关联分析等方法，仔细分析存放学校教学数据库中的往届学生各个学科的试卷和考试成绩，挖掘出这些海量教育数据的有价值的信息并分析这些数据的回归性和相关性性质，寻找其中的有用规律和影响学生学习成绩的重要因素，以此合理安排新生的课程。考试是教学活动的一个重要环节，能够检验教学效果，虽然考试成绩能够反映教学效果，但无法说明影响成绩的具体因素和影响教学的直接原因，不能促进教学发展。加之试题的质量也能影响学生考试分数的高低，探索有效评价试题覆盖知识点全面度和难易度等质量的方法非常重要。如果在试卷分析过程中采用数据挖掘的关联规则，教师通过学生每道试题的实际得分情况便能分析出试题难易度、相关度和区分度等技术指标，就能较为

合理地评价试题质量，实事求是地检查其的教学效果和学生对知识的掌握的具体情况，便能指导其今后的教学活动。

随着教育信息化的推广应用，使学校多年的教学管理活动积累了大量的非结构化数据。

为了合理有效地充分利用这些教育大数据，本节通过数据挖掘技术对教育大数据进行深度的分析研究，并将其应用到了教学管理、教师授课、学生学习等教育教学的各个环节，有利于优化教学管理、提高教学质量和推动教学改革。但是此类研究国内还不成熟，需要研究者投入更多的精力，以此突破技术瓶颈和应用限制。

# 第十三节　基于大数据的母婴电商用户数据挖掘与应用

随着互联网大潮的发展，母婴电商平台如雨后春笋般涌现出来，母婴电商的第一步可以追溯到 2000 年开始起步的乐友网。2003 年淘宝网的诞生催生了众多母婴电商平台：2005 年育儿网上线，2007 年宝宝树上线。2010 年之后，综合电商平台纷纷开始加快母婴电商频道的布局，淘宝商城、京东商城、亚马逊等都建立了专门的母婴频道。2014 年之后，母婴垂直电商平台大量涌现，比如贝贝、蜜芽、宝贝格子等。另外，随着"二胎"政策的放开，母婴市场新一波红利期来临，催生了如华时电商等这种供应链电商平台企业。近年来，移动互联网、大数据等新技术的发展，基于移动互联网的母婴社交电商平台开始出现，比如新丝路公司旗下的炫生活平台等。

移动互联网的发展、大数据时代的到来，正在深刻影响着人们的生产生活方式，进而改变着消费者的日常消费习惯。具体表现在：一是社交电商异军突起，移动社交平台成为电商发展的主要流量入口。据易观数据检测，截至 2017 年底，微信的单月活跃用户高达 8.23 亿，QQ 的单月活跃用户高达 5.56 亿；二是移动社交电商以个体信任、人际关系网络为基础，为品牌降低流量成本、挖掘网上购物存量用户价值提供了解决方向；三是网上购物发展从 1.0（以 PC 端为交易入口）过渡到 2.0（以移动端 APP 为流量入口）再过渡到 3.0（移动端多元流量入口、触达率更高的信息分发渠道），进而移动互联网在电商、社交领域的跨越式推进，为社交电商的发展提供环境；四是随着社交电商的高速发展、自我迭代升级，其在渠道深度、品类广度、流通速度等方面相比较传统电商具备独特优势。

根据智研咨询的统计数据，2014 年到 2018 年这五年期间，母婴网购市场的交易规模呈现出稳步上升的趋势。尤为值得一提的是，母婴市场的线上增长率要高于线下增长率。但是，母婴线上渗透率仍然低于化妆品、3C 等产品系列，跟美国等发达国家相比，我国的线上渗透率也低于同期美国。因此，母婴电商的发展潜力和发展空间依然巨大。

数据显示，2016 年移动母婴用户的整体规模已经达到了 7000 万人次，预计到 2018 年将会超过 1.5 亿人次。根据艾瑞咨询的预测数据，到 2018 年，移动端网购市场将会超过 PC 端，并将达到 73.5%。2017 年 12 月母婴电商类 APP 排行榜中母婴电商五强 APP 分别是：贝贝网、蜜芽、宝贝格子、孩子王、大V店，其中，贝贝网12月活跃用户规模达938.1万人，环比增长6.43%，成为月活跃用户数量唯一近千万的厂商。

基于移动互联网的发展，尤其是移动社交平台的发展，对于母婴电商平台来讲，如何利用好移动社交的大数据，做好用户需求的数据挖掘，这些都关乎公司的核心竞争力。比如，母婴行业的领先企业——新丝路公司旗下的炫生活商城已经成长为国内规模比较大的集社区、购物、知识等为一体的母婴社交电商平台。

# 一、商城定位

使命：让买卖更简单

愿景：成为全球领先的社交电商平台

核心价值观：客户至上、正直诚信、创新进取、协作共享

战略：专注于打造基于大数据体系支撑的社交电商平台

定位：一是针对消费者（To C），让消费者能够方便快捷地获取性价比最高的商品；二是针对企业方（To B），解决企业积分转化、福利兑换、充值福利等多种形式的使用场景，为线下万家企业提供产品供应链、运营服务、系统技术支撑等新型服务类型的信息平台。

特色：在这样的愿景下，昆山新丝路信息科技有限公司创建了炫生活特卖商城销售平台。平台的特色：

一是流量场景碎片化。借助移动互联网碎片化场景属性，为移动电商获取用户提供更多入口。

二是用户管理大数据化。培育用户形成以社交为入口的购物习惯，利用社交数据分析用户属性，识别用户，形成更精准的定位。

三是推荐信息内容化。借助内容传播实现用户的精准推荐营销。

四是推广渠道媒体化。借助新媒体渠道实现用户量的积累，实现新媒体联动推广。

# 二、产品与服务

现阶段炫生活特卖商城有以下三个方面的服务体现：

一是批发模块。炫生活特卖商城将线上线下批发采购引导到商城中进行交易（以手机和箱包为例），做到商城将批发模块纳入重点展示模块。

二是企业福利。重点解决企业每年的福利采集问题，可以提供多样化的产品给予企业选择的同时并承诺给服务企业收费分期等概念；为企业提供包括年节福利、员工体检、员工保险、团建及拓展活动的策划等服务平台。

三是系统技术模块化服务。为企业打造企业自身的平台及宣传端口，系统技术上扶持入会企业。技术设计：基础版本（免费服务）、会员版本（按照模块收费）、VIP版本（全面模块服务收费）

炫生活特卖商城从上线到现在，一直为广大消费者提供高品质的商品和更便捷地服务，应用大数据知识和技术整合供应链，通过各个渠道为消费者精准推送所需商品，提升广大消费者的消费体验满意度，努力在下一个交互平台到来之前，致力成为线上购物平台的佼佼者。

## ■ 三、基于客户价值导向的网络平台优化

电商营销中的网站平台的设置、移动电商的 APP 页面布局等非常重要，会直接影响到用户的交易情况。因此，有必要基于用户的浏览习惯、登录记录等了解用户的相关访问，进而为界面的优化提供导向，同时也有利于接下来的精准营销。比如，公司可以将浏览量比较大、交易量高的产品放在首页以吸引用户；也可以根据用户最近一段时间的浏览习惯，对其定制化地推送相关产品介绍，进而提高购买下单率。另外，基于对用户浏览数据的深度挖掘，还可以充分利用网页的关联性，跟用户的期望值相结合，在用户期望的界面上多添加导航链接、安排合理的服务器缓存，减少服务器的响应时间，进而提升对客户的即时响应效率，从而持续提升客户的满意度。

## ■ 四、精准用户定位的针对性营销方式

对用户数据的挖掘意味着对市场的细化和精准定位，进而选择针对性的用户进行营销。具体来讲，公司通过收集、处理和加工大量的用户数据，进而挖掘用户的消费习惯，形成用户的"精准画像"。然后根据用户的个性化特点制定相应的营销策略，如此可以节省营销成本、提升营销价值、锁定精准用户。

一是线上：借助新媒体的一些推广营销载体（如微博、微信、小程序、短视频 APP、新闻、论坛等）将商城新模式下的一些活动、理念、服务传播出去；和企事业单位的一些手机 APP、线上商超等进行有效的结合，实现客户流量与供应链的互通，为广大消费者提供更为便捷的购物体验。

二是线下：建立直销团队，和线下企业、社区、超市、便利店、民宿等经营商合作，将资源共享最大化。

借助线上线下相结合的方式，结合公司的大数据体系，对客户资源进行分析，形成客户的交易背景、兴趣、习惯等画像。通过现有的客户预测、挖掘潜在的消费者，并对已经形成交易关系的客户进行维护，对高价值的客户提供额外增值服务，挖掘客户的终身价值。随着客户基数的不断增大，公司将通过大数据分析将消费者的消费习惯、购物类别等做好归纳，为后期用户的运营打好强而有力的基石。

随着互联网技术的发展，结合大数据、移动电商、云计算等新技术、新理念，用户数据在母婴电商中的应用将会更加有价值。这也就有利于企业获得更加精准的数据支撑，提高商务决策的精准性，进而推动母婴电商平台模式的转型升级。

# 第十四节 大数据挖掘中的自媒体应用

自媒体的发展极大地改变了人们处理信息的方式,它将个体作为一个传播的核心。这种主体上的转换里,使得自媒体成为目前大数据营销中自发形成的重要手段,也成为目前大数据应用中的一项平台,它为大数据提供了更加广阔的发展空间。无论是大数据还是目前被热议的自媒体,这些都是业界被重点关注的课题。关于自媒体和大数据应用中的框架还有很多需要研究的地方,两者在应用中存在着较大的联系。本节主要从大数据以及自媒体的发展角度来剖析自媒体在大数据挖掘中的应用。

## ■ 一、技术创新的发展

技术的进步加大了新应用的产生,对已有技术的不断突破让新的应用层出不穷。大数据和自媒体的结合也是目前技术创新发展的结果,互联网技术的快速发展以及应用都让自媒体和大数据在走向契合。互联网大数据引导人们的行为,成为人们的重要思维模式。自媒体的应用平台在技术创新中不断的推进,博客、论坛等,都让原先传统的 PC 端不断地向移动端倾斜,这其中的重要推动力就是移动互联网技术的发展。截至 2016 年 1 月,工信部公布中国移动互联网用户总数达 9.8 亿户,而手机移动端已经占据了上网设备中第一的位置。移动互联网成了国内大多数人的上网渠道,也在更新着人们对信息传播的认知,让人们的生活变得更加网络化。可以说,移动互联网已经进入全民参与的时代,这种形式极大地满足了人们的需求,这是自媒体快速发展的重要原因。

另外,云计算作为一种数据处理方式也让大数据被更加广泛和深入的应用,为数据的挖掘提供了强大的技术基础。利用云计算的功能可以开拓大数据的业务范围,通过云社交的形式,将更多的社会资源进行整合,然后形成有效的服务平台。随着用户在平台中分享资源的增加,这种信息资源价值也将会被更深入的挖掘。用户量越多,产生的数据将会越丰富,这也形成了规模庞大的数据资源,利用云计算对所得到的信息进行采集、分析,然后将其更好的应用。

## ■ 二、相关性提供优质的平台

自媒体和大数据在实际的发展中都将受到"相关性"的影响,这也促成了两者直接的契合。相关性是一种相关的关系,曾在《大数据时代》一文中被提到,这种相关关系是事物之间的相关关系,通过一种良好的关系来帮助我们预测未来。过去,由于我们掌握的信息有限,人们在做判断的时候往往会采用比较主观的认知来确定关联物,但由于存在着较大的主观性,让预测的过程产生了比较大的偏差,这也影响了评估的精确度。而大数据时代的到来，人们的数据资源非常丰富，并且拥有较强的处理技术和分析能力，使得这种相关关系的确认变得更加客观，这也在一定程度上确保了预测的精准性。

从自媒体的角度来看，相关性是它发展的重要动力，这也是大数据采集的重要前提。自媒体用户存在着大量的社交动机，将这种动机进行挖掘然后确立彼此之间的相关性，进而丰富自媒体的社交功能。在社交关系以及社交目的构建的自媒体生态系统里，自媒体平台成了社会化的工具，在组织结构、技术支持上都有着较高的相关关联。比如微信中的朋友圈，使用者出于社交的动机，将线下的情景上传到线上，建立了用户之间较强的主动关联性。因此，自媒体在快速的发展下也就自然成了大数据分析技术中相关性分析的重要平台，使得可以通过大数据来查找自媒体用户之间的有效关联。在相互影响的作用下，自媒体与大数据便形成了一种良性的信息互动。

## 三、价值空间推动自媒体的应用领域

人们对大数据的认识仅限于信息爆炸过程中庞大的信息群带来的数据上的认知和思考。大数据的挖掘中拥有非常庞大的经济价值，这种价值目前也不断被很多企业所认识并利用，在全球范围内掀起了数据研究的浪潮。对于营销人员来说，高品质的数据信息是营销的关键环节，加拿大的媒介理论家曾经提出媒介即是讯息的理论。这种理论强调传播的效应来源于媒介，每一种新型的媒介形态都会对人们的行为方式产生影响。在自媒体的时代背景下，人们对世界的认知已经产生了根本性的变化。每一个自媒体的用户都可以成为信息传播的核心，这种向周围世界进行数据传递的形式，其辐射范围将会被不断的复制和扩大。自媒体生成的数据资源为大数据提供了新的发展领域和价值空间。人们在过去总是会从因果关系中寻找结论，而现在通过大数据挖掘，相关关系成为了他们营销的重要依据。

大数据的重要特点在于其数据量之庞大，而自媒体用户群体强大的互动形式也为其提供了大量的数据资源。自媒体在使用中可以运用这种媒介形式来满足需求，微博以及微信的使用就是很好的实践形式。由群众主导的媒介让人们对自媒体颇有好感，他们在使用中表现得更为主动和频繁，也为自媒体的发展提供了更为丰富和真实的资源。这些数据从数量和质量方面都有较大的参考性。由于自媒体存在较强的相关性，其中所隐藏的价值更是可以被大数据有效的捕捉和利用，这也是自媒体特有的相关关联所产生的效果。

信息管理学家曾经在自己的专著中有提到，大数据之所以大，除了其大容量外，更重要的是它可以通过信息的整合分析来发现更多新的知识，这种形式所创造的价值是非常珍贵的。自媒体是社交媒体中的一种形式，它形成了较为丰富且稳定的社交关系，这让很多线下的社交活动扩展到了互联网上，形成了具有较强互动关系的营销结果。

数据信息是目前社会发展最有价值的潜在资源之一，它的发展拥有较强的大数据思维，并且可以运用大数据分析的相关技术来做出营销，随着目前移动互联网技术的普及和深入，更多的自媒体应用正在被升级和更新，自媒体这种形态在数据挖掘方面也有着特有的优势，存在着较大的潜力，成了大数据营销的重要平台。随着大数据被广泛地运用到实践中，自媒体必然会发展的更为精细，涉及的范围也会更加的广泛，这种良性的互动将为未来大数据营销框架的构建产生深远的意义。

# 第十五节　大数据下财务数据与信息的挖掘及应用

当今数据信息大爆炸时代，计算机和网络技术已经渗透到社会各行各业，网络办公和决策成为新趋势，在这种社会背景下，财务数据与信息的挖掘重要性越来越突出。如何在大数据中寻找有价值的数据与信息，通过及时整理、准确分析，并通过财务分析提供可靠决策依据，成为企业经营和参与市场竞争必不可少的手段。本节重点分析大数据下财务数据与信息的挖掘及应用。

随着经济全球化的不断发展和互联网的普及，企业之间的竞争日益激烈，为了能够在日益激烈的市场竞争中赢得主动权，因此企业管理者对内部的管理不断加强。作为企业内部管理的重要组成部分，财务管理重要性越来越突出，财务数据分析成为企业决策必不可少的重要依据。但是，网络中的数据多、杂、乱，财务数据的挖掘及应用成为财务工作者全新的考验，企业只有充分认识到财务数据的挖掘和应用，不断提高财务管理水平，才能够顺应时代发展，在日益激烈的市场竞争中占据有利地位。

## 一、财务数据挖掘的重要作用

### （一）财务数据挖掘的概念和特点

财务数据挖掘，指的是利用特定算法，从庞大的网络数据库中提出有价值的数据信息，并通过财务分析为企业管理者提供决策依据。财务数据挖掘的基本步骤主要有：找到数据源、提取有用信息并进行整理、分析数据并对比分析、建立数学模型得出分析结果。较之于传统财务分析，数据挖掘的优势十分明显：①范围广、数据量大。传统财务分析往往仅局限于往年数据或现有数据，范围很窄，而数据挖掘则通过庞大的数据库搜索有用信息，范围更广。②针对性强，优势突出。财务数据、非财务数据、可预见风险数据等，均可进行数据挖掘，针对性更强，更有价值。③准确性高，时效性更明显。通过计算机技术和互联网技术，可大大减少了检索和提取信息的时间，不仅时效性更强，还可以避免人工计算的误差。

### （二）财务数据挖掘的重要作用

在大数据背景下，财务与信息的挖掘及应用，对企业管理和决策起着十分重要地作用，具体表现在：①不断提高企业信息利用率。财务人员通过数据检索，通过财务分析，大大提高了数据信息的利用率，为企业决策提供科学依据。②有效提升财务人员工作效率。较之于传统财务分析，人工智能技术的应用，财务运行流程更加方便快捷，这不仅大大降低财务人员的工作量，还能够促进企业财务管理水平不断提高。④有效增加企业的经营效益。数据挖掘技术是一种新型技术，主要是利用电子计算机的计算原理，完成数据的挖掘、对比和分析，大大降低了人工分析整理的人力、财力，同时还能够有效提高数据分析的准确性，减少了人工计算错误，有效提高了企业经营效益，对企业可持续发展十分有利。

## 二、财务数据与信息的应用

### （一）应用于企业投资管理

大数据下，财务数据与信息应用到企业投资管理中，可以直观预见投资过程中可能出现的风险，投资者可从众多投资策略中选择最优，大大提升了投资效率。做出投资决策前，投资者利用数据挖掘技术，对投资对象的财力情况及发展潜力进行深入分析，估算投资决策产生的经济效益，综合分析后做出正确判断。此外，投资者还可以通过数据挖掘技术研究分析投资环境及市场风向，对大环境下是否做出投资决策进行综合分析和判断，将投资风险降到最低，获得最大经济效益。

### （二）应用于产品促销

企业生产和经营效益最终都是通过产品销售来实现的，没有产品、没有销售，那么任何企业都不可能得以生存，所以，企业要发展、要竞争，就必须不断优化销售手段和方式，增加产品的市场价值，从而实现经济效益最大化。企业通过数据挖掘技术，对市场供求关系进行深入分析，从而帮助企业生产市场需要的产品类型，避免产品供过于求而降低企业经营利润。财务数据与信息还能够建立趋势分析模型，分析市场发展动态机未来发展潜力，为企业扩大生产、制定销售计划提供依据，确保企业抓住发展机遇，取得长远发展。

### （三）应用于筹资决策

在市场竞争过程中，企业不可避免的出现资金周转不过来的情况，但为了不影响企业正常经营，不得不从外界筹集资金。投资对象及投资方式的不稳定性决定了企业筹资渠道的多样性，不同的投资方式其优势和劣势均有所不同，企业如何能够在众多筹资方式当中选择最优，对当今企业财务数据与信息的挖掘来说是相当大的考验。而数据挖掘技术的应用，能够充分了解自身筹资数据及筹资方向，使筹资目的性更强。同时，结合自身需要深入分析市场中的筹资方式和投资对象，从中选择与筹资需求最为接近的方式，满足企业筹资需求，降低筹资成本。

### （四）应用于财务风险分析

想要在日益激烈的市场竞争中占据有利地位，企业经营过程中不可避免地遇到各种风险，只有科学预见并作出行之有效的决策，才能够成功规避风险，从而实现长效发展。财务数据与信息的挖掘与应用，全面收集和分析企业各方面的信息，并结合市场发展及政策导向，建立完善风险预测模型，准确预测和判断短期内或未来一段时间内企业即将面临的风险类型，提前做好风险防范工作，最大限度规避财务风险，将企业风险成本降到最低。

在大数据背景下，计算机和网络技术的普及，财务数据与信息的挖掘及应用，不仅能够满足现代企业对财务的新要求，有效实现企业提升财务管理水平提升的目标，还能够有效促进企业长足稳步发展，为我国社会主义市场经济的繁荣和可持续发展提供强有力保障。企业只有充分认识到财务数据的挖掘和应用，不断提高财务管理水平，才能够顺应时代发展，在日益激烈的市场竞争中占据有利地位。因此，作为企业财务人员，应与时俱进，不断转变财务管理观念，学习和应用全新数据信息挖掘技术，满足现代企业和社会对财务人员的要求。

# 第十六节　大数据挖掘在工程项目管理中的应用

随着社会的快速发展，大数据渗透到社会的各行各业，并对人类的发展产生了巨大的变革，大数据时代已然来临。在大数据时代蓬勃发展的环境下，工程项目管理领域的工作明显滞后，但现阶段工程项目管理的知识价值的体现和运用仍主要依靠工程管理师的个人经验，具有很强的人为差异和局限性，其中更具现实意义的管理方法未被有效挖掘从而难以被利用。为此，文章结合大数据时代信息化方法，针对大数据对工程项目管理的益处、创建大数据挖掘的框架、构建工期进度控制模型、大数据挖掘在工程项目管理中存在的问题等方面进行分析。旨在利用大数据挖掘方式的优势，提高工程项目管理工作效率，为企业谋取更大的经济利益，并在未来大数据在工程领域的研究给予更多实践方面的参考依据。

近年来，从IT时代到DT时代，市场、行业、商机都在发生巨大的变化。大数据逐渐被人们所熟知，以大数据为基础的产业链也逐渐形成。毫无疑问如今的大数据已经成为聚光灯下的"宠儿"，工程项目的数量和规模不断增加，新技术的使用越来越频繁。随着全球BIM、大数据、云计算等先进技术的涌现和实践，传统工程项目在大数据挖掘的工具下变得更加便捷。同时，构建以工程造价大数据为核心的审计模式是一种势在必行的创新与变革，根据工程项目选择目标，结合海量工程项目数据，确定工作重点及要点，使得工程项目建设的全过程变得更加灵活可靠。为更好地帮助企业的工程进行管理，使工程项目的质量和数量达到新的高度，保证建筑企业能够顺应时代的潮流可持续发展，文章对利用大数据挖掘对工程管理的应用展开深入的讨论。

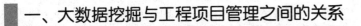

# 一、大数据挖掘与工程项目管理之间的关系

## （一）基于大数据背景下工程项目管理发展的趋势

在过去传统的工程项目管理中，常常存在着项目区域分布广、项目类型较杂、项目领域涉及广、项目规模及数量庞大等特点。这一过程往往会造成企业内部人力物力资源的利用率低下、工作量大且办事效率低，浪费了大量的财力及人力资源。现在，企业项目的工程管理相比于之前传统的项目呈现工程项目数据多样性、数据可实现动态平衡并进行实时监控。这些优点都是基于以大数据挖掘为分析工具，对企业内的项目工程管理进行科学、合理、便捷的分析及整理，并且在利用此工具基础上，构建整理成库的工程项目管理数据，做到可轻而易举地对项目进行规模化的管理，更益于信息现代化的建设及企业稳定的发展。

## （二）为优化企业工程项目，大数据挖掘技术成为管理新方式

在大数据时代渗透社会各行各业的同时，企业工程项目管理领域也不例外。基于工程项目管理的数据本身大量性、数据形式多样性以及管理的全面性的特点，工程项目管理方法的创造也突破了思维的新高度。利用大数据挖掘的方式对于项目工程进行管理，不仅可以提高管理的工作效率，还能对从众多的数据库中筛选出需要的重点数据进行科学性的优化、分析，合理为工作者提供选择的方向，从而规避工程项目管理中潜在的风险危机。大数据挖掘这一新型的管理方式减少了企业内人力物力资源方面的无端浪费，还为许多新型的工程管理方式提供了新思想，注入了一股符合当今时代发展的新鲜的血液。

# 二、大数据挖掘技术在工程项目管理领域中的应用

## （一）构建大数据挖掘管理框架

利用大数据挖掘在工程项目管理范畴进行运用，需要构建大数据挖掘管理框架，优化大数据挖掘技术与市场各领域的管理及完善企业的集中控制。大致框架如下，在建筑企业对于项目的最终决定下定论时，应确保各个部门及机构各司其职，认真总结汇报。与此同时，项目工程开发商可对有关项目进行大数据的分析及整合，然后以科学的数据及合理的理论依据进行汇报，给予企业最优实施方案。在对于大数据的分析挖掘过程中，为确保数据的真实性、瞬时性、合理性及整体性，需完成对大数据信息的严格管控，保证项目开发商使用精准的素材进行挑选与利用，接着依据大数据分析后的整体情况分别对工程造价、施工项目质量、项目实施进程、实时监控动态平衡这一系列工程项目管理进行分时段的调整及归类，且严格对每一环节的管理合理性进行专家科学评估，若有不到位或数据偏差较大的数据，应及时进行整改。紧接着对工程项目提出具有客观性及必要性的评价及建议，帮助

企业合理优化各个工程项目决策，实现可持续健康发展。为确保企业工程项目管理的工作效率及正确发展方向，不仅要在大数据挖掘的基础上组建大数据挖掘管理框架，还要企业结合实际情况，通过对内部工程项目数量的整合、各方面数据的信息合理化管理、项目发展的需求进行一个客观的评估，进而创建一类信息数据规划管理中心。这样一来，大数据挖掘技术在对工程项目管理工作方面才能更加得心应手，以此保证企业发展能够稳步前进。

## （二）大数据挖掘小组的合理设置

企业的发展离不开优质员工及高素质的高管，在这样一个急速发展的时代背景下，发展企业就需要培养人才。对于大数据挖掘这一超新型技术，如何更加合理地将其应用到企业工程项目管理中是一大思考方向。而参考大数据在其他领域成功实施案例，无非都是通过在企业内部设立专业的团队来维护并完善大数据挖掘工作，然后通过一批大数据专业性人才来对工程项目进行管理工作，这样一来，大数据挖掘小组的工作能更加合理地与工程项目管理结合。

（1）设立对工程进度数据进行分析的挖掘小组，深挖其潜在价值。开始对工程项目实施时，项目实施方案、项目实施流动资金、项目各方面的动态数据等都会出现大量信息数据，为保证项目实施能够按时完成，专门对于工程进度数据进行分析的挖掘小组是极其重要的。大数据挖掘小组不仅能熟练地运用大数据挖掘操作，对工程项目进度进行动态实时监视、大量数据的整合与处理，更能通过小组内部数据分析，深度地挖掘各数据的潜在价值，科学全面地完善项目进程。

（2）设立通过大数据分析项目工程质量的挖掘小组，提高施工质量与效率。在企业内不仅需要能利用大数据挖掘对工程进度进行管控的人员，还需要一批有能力通过大数据分析项目工程质量的人才。这样的工作小组，可以高质量地对工程施工时的各个过程，通过大数据分析对建筑物质量提出科学的建议，还能通过大数据直接快速地发现施工过程中潜在的风险。如工地使用材料与实际环境不匹配、设计图纸不合理、施工过程中存在风险、建筑物设计存在缺陷、完工后相关部门验收缺陷不达标等一系列工程型问题，都能通过大数据分析进行预先的了解并进行规避，提高整体施工质量。

## （三）完善大数据挖掘小组

对于管理工程项目，不仅要通过大数据挖掘方法对大量的项目实施书、工程数据管控等方面进行分析，还要对工程项目实施过程中可能会出现的技术问题进行规避，且对于施工成本也要进行优化。在挖掘小组对工程进度数据进行分析的基础上，结合专业人员对于数据挖掘的评估，以提升工程的验收率，及时规避施工中存在的风险和失误问题，有效完善施工中成本控制的体系。同时，在完整地构建大数据挖掘小组的前提下，对于企业本身流动资金链进行管控，保证企业在数据挖掘基础上防止存在物料管理和现阶段工作验收不规范的现象。在完成数据挖掘基础上，加强对于控制制度的完善，防止存在工期拖延和工期质量控制不科学的现象。

### （四）建立项目进度控制模型

在施工过程中，如果施工建筑设计不合理，存在缺陷或前期施工基础设备未到位以及对施工场所协调不恰当，就会导致原本设计的工期延误。对于此问题，施工企业需利用大数据挖掘技术建立项目进度控制模型，对工程进度进行动态监控并完善各个部门管理机制。具体可以将企业及其下线包括各类外包公司的信息资源实现共享，共同管理以达到督促并加快工程的实施，并对各类工程产生的问题进行解决。建立项目进度控制模型最关键的部分是需要将整个过程进行监控录像，并上传至企业内部工程管理相关团队，利用大数据对其进行合理的管理，做到对于不合理的地方及时进行补救，对与工程的顺利实施做出更加完备的保障。

## 三、利用大数据挖掘对工程项目进行管理会遇到的问题

### （一）数据收集和处理方面的问题

众多的工程项目内一定包含了丰富的数据资源，如果没有立即通过专业人才对这些数据进行合理分类、有效分析的话，不仅会导致工期延后，甚至会导致建筑物质量不达标等严重后果。长此以往，必然会引起所设计的各项指标不能够迎合社会发展与市场需求，导致企业的发展受限，甚至间接引导整个建筑界发展方向出现偏差，不仅会造成经济损失，还会造成更加严重的后果。

### （二）工程客观地受到市场经济的影响

各行各业在经济发展领域都会受到市场经济的影响，工程项目管理亦是。各个时期经济大环境形势不同，工程项目领域会受到市场经济的左右，导致在管理工程项目的同时需要考虑更多的市场经济风险。对于不断扩张的工程项目，想要顺利地完成整个工程，所需流动资金非常多，因此可能导致项目的风险增大。对于许多传统的大工程，如无法正确利用大数据对其自身进行普适性分析，面对经济形势不好的时期，便不能准确调控成本及资本运营，容易受到经济形势的冲击，导致项目受损。因此，为提高工程项目管理的质量，要适应市场经济的各种变革，并对其进行总结、整合、分析。

在社会经济急速发展的今天，利用大数据挖掘对于工程项目进行管理是十分必要的，它既可以快速而又不失针对性地对工程项目进行合理的动态调控，还可以在产品质量、施工效率方面增色增彩。

# 参考文献

[1] 邵燕，陈守森，贾春朴，等 . 探究大数据时代的数据挖掘技术及应用 [J]. 信息与电脑，2016（10）：118-119.

[2] 王珺 . 大数据时代数据挖掘技术在高校思想政治工作中的应用研究 [J]. 媒体时代，2015（8）：182.

[3] 肖赋，范成，王盛卫，等 . 基于数据挖掘技术的建筑系统性能诊断和优化 [J]. 化工学报，2014，65（2）：181-187.

[4] 熊淑云，高俊 . 分布式计算机网络结构分析与优化 [J]. 现代工业经济和信息化，2016（22）：75-76.

[5] 邵燕，陈守森，贾春朴等 . 探究大数据时代的数据挖掘技术及应用 [J]. 信息与电脑，2016（10）：118-119.

[6] 赵勇，林辉，沈寓实等 . 大数据革命 [M]. 北京：电子工业出版社，2014.

[7] 林巍，王祥兵 . 大数据金融：机遇、挑战和策略 [J]. 财经学习，2016（02）：140-142.

[8] 熊怡 . "大数据"时代的人力资源管理创新 [J]. 中国电力教，2014（6）：24-27

[9] 唐魁玉 . 大数据时代人力资源管理的变革 [J]. 中国人力资源社会保障，2014（3）：57-58

[10] 李稚楹，杨武，谢治军 .PageRank 算法研究综述 [J]. 计算机科学，2011（s1）：185-188.

[11] 钱功伟，倪林，MIAO，等 . 基于网页链接和内容分析的改进 PageRank 算法 [J]. 计算机工程与应用，2007，43（21）：160-164.

[12] 余永红，向晓军，高阳，等 . 面向服务的云数据挖掘引擎的研究 [J]. 计算机科学与探索，2012，6（1）：46-57.

[13] 张英朝，邓苏，张维明，等 . 智能数据挖掘引擎的设计与实现 [J]. 计算机科学，2002，29（10）：11-13.

[14] 姚全珠，张杰 . 基于数据挖掘的搜索引擎技术 [J]. 计算机应用研究，2006，23（11）：29-30.

[15] 陈勇，张佳骥，吴立德，等 . 基于数据挖掘的面向话题搜索引擎研究 [J]. 无线电通信技术，2011，37（5）：38-40.

[16] 孟海东，宋宇辰 . 大数据挖掘技术与应用 [M]. 北京：冶金工业出版社，2014.

[17] 玄文启 . 一种大数据挖掘技术——Apriori 算法分析 [J]. 中国科技信息，2015（22）：39-39.

[18] 唐雅璇，李丽娟，吴芬琳 . 大数据时代的数据挖掘技术与应用 [J]. 电子技术与软件工程，2017（21）：169.

[19] 胡军，尹立群，李振，等 . 基于大数据挖掘技术的输变电设备故障诊断方法 [J]. 高电压技术，2017（11）：224-231.

[20] 谢红 . 大数据下的空间数据挖掘思考 [J]. 计算机光盘软件与应用，2014（9）：105-105.

[21] 丁霄寅，徐雯旭 . 基于智能化的电力大数据挖掘技术框架分析 [J]. 山东工业技术，2017（12）：198-198.